U0256998

省级一流教材建设项目成果／高职计算机类精品教材

Java程序设计

主编 杨 斐 陈慧娟

中国科学技术大学出版社

内 容 简 介

本书采用任务驱动模式序列化知识点,通过任务将知识融入任务情境之中,并配有制作精良的慕课和丰富的案例及代码,以活页作为呈现形式,增强师生互动。本书以 J2SE 为主要内容,以 Eclipse 为开发平台,主要内容包括初识 Java、Java 语言基础、面向对象基础、Java 异常处理的机制、GUI 图形用户界面设计的流程、文件的操作、多线程技术、数据库编程、网络编程等。

本书适合作为高职高专院校计算机类专业教材。

图书在版编目(CIP)数据

Java 程序设计/杨斐,陈慧娟主编.—合肥:中国科学技术大学出版社,2023.7
ISBN 978−7−312−05646−8

Ⅰ.J… Ⅱ.①杨…②陈… Ⅲ.JAVA语言—程序设计—高等职业教育—教材 Ⅳ.TP312.8

中国国家版本馆 CIP 数据核字(2023)第 098345 号

Java 程序设计
JAVA CHENGXU SHEJI

出版 中国科学技术大学出版社
　　　　安徽省合肥市金寨路96号,230026
　　　　http://press.ustc.edu.cn
　　　　https://zgkxjsdxcbs.tmall.com
印刷 安徽国文彩印有限公司
发行 中国科学技术大学出版社
开本 787 mm×1092 mm　1/16
印张 21.5
字数 504 千
版次 2023 年 7 月第 1 版
印次 2023 年 7 月第 1 次印刷
定价 55.00 元

前　　言

目前在应用软件开发领域,Java是热门的技术之一。在所有程序员中,Java开发工程师占据了20%,TIOBE排行榜一直排在前三的位置。同时,"Java程序设计"课程也一直是高职电子信息类专业中非常重要的一门专业核心课程。

本书使用JDK8开发工具包,以Eclipse作为集成开发环境,主要内容包括初识Java、Java语言基础、面向对象基础、Java异常处理的机制、GUI图形用户界面设计的流程、文件的操作、多线程技术、数据库编程、网络编程,共9个项目28个任务。项目1介绍了Java开发环境的搭建。项目2介绍了标识符、命名规则、数据类型、常量变量、运算符表达式、流程控制、数组与字符串等基础知识。项目3介绍了面向对象的相关概念,包括类和对象的概念、面向对象的三大特征(封装、继承、多态及其实现)、抽象类和接口等。项目4介绍了Java异常处理的原理、异常的分类、try-catch-finally结构处理异常、主动抛出异常和自定义异常。项目5介绍了Java图形界面设计的流程、Swing包和AWT包、常用组件和布局、委托事件处理机制。项目6介绍了文件类File的使用、流的概念、字节流和字符流的操作、文件的顺序访问、文件的随机访问。项目7介绍了线程的相关概念、线程的同步等内容。项目8介绍了JDBC数据库编程的原理、数据库模板等内容。项目9介绍了网络编程模型、面向连接的通信和面向无连接的通信。

本书采用任务驱动的模式序列化知识点,减少了Java基础语法的篇幅,增加了面向对象编程思想的内容,使读者能快速地掌握面向对象程序设计的特征,避免出现深陷语法而写不出程序的情况;同时将知识点和思政元素巧妙地融入任务情境之中,引导读者在学习知识的过程中思考面向对象程序设计所蕴含的思政要素。通过任务实施中的引导问题和评价考核来体现学习的过程性,为本书加入师生互动的元素;在本书的配套电子资源中加入了枚举、泛型、集合、反射、注解等Java高级特性部分内容,为读者以后熟练地掌握Spring、Hibernate等主流的Java框架技术打下坚实的基础。另外,本书为安徽省高等学校省级质量工程项目(2020zyq63)建设成果,配有制作精良的教学课件、慕课视频和丰富的案例代码,读者在阅读过程中可以通过扫码注册为"安徽省网络课程学习中心(e会学)"的会员,加入阜阳职业技术学院"Java程序设计"慕课课程,学习相应的课程视频并下载课程资源。本书适合大中专院校信息技术类专业学生、计算机专业技术人员、程序开发人员、等级考试备考人员、编程爱好者等阅读、参考。

配套慕课课程二维码

本书由阜阳职业技术学院杨斐、陈慧娟主编,其中杨斐编写了第1、3、5、6、7共5个项目17个任务,陈慧娟编写了第2、4、8、9共4个项目11个任务。为了使本书更加贴近项目实战,编者在教学内容的设计和案例的选择上采纳了奇安信集团、东软集团等企业Java开发工程师的建议,在这里向他们表示衷心的感谢。

由于编者水平有限,书中难免有疏漏之处,敬请广大读者批评指正!

编　者

目　　录

项目1　初识Java

本项目主要介绍Java语言的相关特性、JDK的下载和安装、环境变量的配置、使用命令行的方式编写和运行Java程序、集成开发环境Eclipse的配置和使用技巧。

◇ 任务1　Java概述
◇ 任务2　环境变量的配置
◇ 任务3　搭建集成开发环境

任务1 Java概述

本章实验

目前在应用系统开发领域,Java是热门的技术之一。Java拥有非常广泛的应用市场,它的生态系统几乎涵盖了目前市面上所有的软硬件,你能想到的,Java基本都能实现。在所有程序员中,Java开发工程师占据了20%。本任务笔者带读者了解Java的奥秘,体验Java的魅力。

学习目标

(1) 掌握Java的特性;
(2) 掌握Java的体系结构;
(3) 了解Java的版本构成。

知识准备

1.1 Java的特性

作为一门面向对象的程序设计语言,Java具有以下特点:简单、面向对象、可移植性、安全性、高性能、多线程。

1.1.1 简单

简单表现为Java的语法简单,和C/C++类似,只要读者有C或者C++的基础,Java就特别容易上手。与其他语言相比,Java拥有最纯粹的面向对象的特征,比如,Java用接口取代了多重继承并取消了指针,这些特性不仅使程序员开发各种应用易如反掌,还使程序的可维护性得到大大提高。

1.1.2　面向对象

面向对象是指 Java 语言以面向对象作为基础,在 Java 中,不能在类外面定义单独的数据和函数,需要将数据和功能封装在一个类中,通过对象来使用类中的数据和功能。

1.1.3　可移植性

可移植性就是指跨平台性,Java 程序在各种类型的平台上都可以运行。这是因为 Java 语言编写的程序编译后可以生成一种和平台无关的字节码文件,也就是".class"文件,这种字节码文件直接运行在 JVM(Java 虚拟机)上,所以不论底层操作系统是 Windows 还是 Linux,Java 程序都可以运行。该特性是 Java 程序员的精神指南,也是 Java 受众如此广泛的根本原因。

1.1.4　安全性

安全性是指 Java 虚拟机和 Java 语言本身自带一些安全保证机制来保证程序运行期间的安全。由于 Java 的自动垃圾收集线程在极高的优先级下运行,一旦需要,就可以立即通过收集垃圾获得宝贵的内存资源,从而拥有更好的性能,使用该机制的程序员只需专心地写程序,而不需要担心内存问题。

1.1.5　高性能

为了让 Java 程序的运行更加安全、稳定,Java 语言引入了异常处理机制。所谓异常处理就是指在程序中可能会发生非正常事件的地方,通过加上相应的异常处理模块让程序不会因突发的错误而造成运行中断或死机等状况,达到防患于未然的效果。

1.1.6　多线程

Java 的多线程技术提供了构建含有许多并发线程的应用系统的途径和方法,使多个任务能够同时执行,从而提高了系统资源的利用率,加快了程序运行的速度。使用该机制,不仅可以用不同的线程完成特定的行为,还会使程序具有更好的交互能力和实时运行能力。

1.2　Java 的体系结构

1.2.1　Java 虚拟机

在介绍 Java 运行机制之前首先要对 Java 虚拟机(Java Virtual Machine,JVM)有一个全面的认识。

JVM 是一个原生应用程序,负责解释字节码,运行在操作系统之上,和硬件系统没有任何关系。不同平台的JVM是不相同的,但它们提供了相同的接口,通过使用JVM可在不同的平台运行Java程序。目前的JVM对Windows、Linux、macOS等主流操作系统均提供了支持。JVM的位置如图1.1所示。

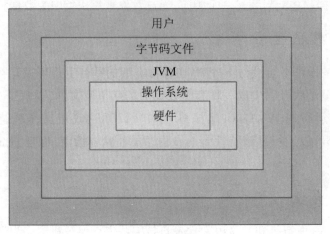

图1.1　JVM的位置

1.2.2　Java 程序执行的流程

在传统的编程中,源代码编译生成为可执行的代码,如图1.2所示。可执行的代码只能在它所针对的平台上运行。换句话说,针对Windows编写的程序只能在Windows上运行,针对Linux编写的程序只能在Linux上运行,针对macOS编写的程序只能运行在macOS设备上。

图1.2　传统编程模型

Java程序则编译为字节码。字节码本身不能运行,因为它不是原生代码。字节码只能在Java虚拟机上运行。Java编程模型如图1.3所示。

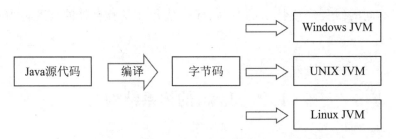

图1.3　Java编程模型

一个完整的Java体系结构实际上是由Java编程语言、字节码文件".class"、Java API和JVM 4个相关技术组合而成的。所谓Java开发,其实就是用Java编程语言编写代码,然后将代码编译成Java类文件,接着在JVM中执行类文件的过程。Java的体系结构如图1.4所示。

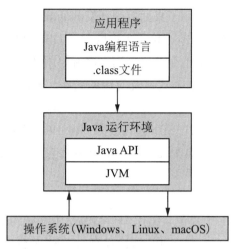

图1.4 Java的体系结构

1.2.3 JVM、JRE 和 JDK

我们在学习Java的时候经常会遇到这样3个概念:JVM、JRE 和 JDK。很多同学经常会把这3个概念弄混淆,在这里梳理一下它们的区别和联系。

JVM是Java虚拟机,是专门用来运行字节码文件的虚拟计算机。

JRE(Java Runtime Environment)称为Java运行环境或Java运行时。我们在进行Java程序设计时需要用到很多Java核心库中的类或接口(Java Application Interface,Java API),通过丰富的Java API,使得Java应用程序不仅能简单快速地完成,还能够在各种不同的平台上运行。JRE就是指包含了1个JVM和大量Java API的结构。

JDK(Java Development Kit)是指JRE加上1个编译器和其他工具,即编译Java程序和运行字节码所需要的软件。

简单地说,JVM是运行字节码的本地应用程序。JRE是包含JVM和Java API的环境。JDK包括JRE以及其他的开发工具,还包括1个Java编译器。

1.3 版本介绍

Java自诞生以来已走过了30多个年头,先后发布了很多个版本,是当下最流行的编程语言。30多年间语法发生了很多变化,增加了很多特性,但唯一不变的就是其开源性,这是因为Sun公司在推出Java时就将其作为免费软件对外发布。这与微软倡导的注重精英和封闭的模式完全不同。

Sun公司在1998年发布JDK1.2版本的时候,使用了新名称Java 2 Platform,即Java2平台,修改后的JDK称为Java 2 Platform Software Developing Kit,即J2SDK,并分为标准版(Standard Edition,J2SE)、企业版(Enterprise Edition,J2EE)和微型版(Micro Edition,J2ME)。

J2SE是开发任意Java程序所需要的版本。该版本中既包含基本类库,也包含编译程序、

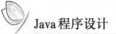

额外的辅助开发工具等。它主要用于桌面应用开发和低端商务应用的解决方案。

J2EE是开发企业级应用的版本。该版本中既包含J2SE中的基本类库,也包含编写服务器端、分布式应用、事务处理等其他企业级应用程序所要用到的类库。

J2ME是消费性电子产品和嵌入式系统应用的版本。该版本中包含的类库是各Java版本中最少的。

2005年6月,JavaOne大会召开,SUN公司公开JavaSE6。此时,Java的各种版本再次更名并取消其中的数字"2"。J2EE更名为Java EE,J2SE更名为Java SE,J2ME更名为Java ME。

知识拓展

因为Java EE和Java ME中只包含类库和运行Java程序时的Java虚拟机,所以在开发这两个平台程序时,还需使用Java SE平台,因为只有Java SE平台中包含编译Java程序所需用到的各种工具。

任务实施

任务情境1.1

请查阅相关资料,总结Java自诞生以来到目前为止,共经历了哪些版本,每个版本发布的日期和版本名称。

引导问题1 每个新版本增加了哪些特性?

_____

_____

引导问题2 Java版本更新迭代有什么规律?

_____

_____

任务情境1.2

查看最新一期的TIOBE排行榜,了解目前Java在世界编程语言排行榜上的位置。

引导问题1 Java目前的排名是多少?

_____

_____

引导问题2 前五名的编程语言分别有哪些? 它们各自的应用领域是什么?

_____

_____

评价与考核

课程名称:Java程序设计		授课地点:		
任务1:Java概述		授课教师:		授课时数:
课程性质:理实一体		综合评分:		
知识掌握情况得分(35分)				
序号	知识点	教师评价	分值	得分
1	Java的特性		10	
2	Java的体系结构		15	
3	版本介绍		10	
工作任务完成情况得分(65分)				
序号	能力操作考核点	教师评价	分值	得分
1	不同Java版本的特性		20	
2	Java更新迭代的规律		20	
3	不同编程语言的应用领域		25	
违纪扣分(20分)				
序号	违纪描述	教师评价	分值	扣分
1	迟到、早退		3	
2	旷课		5	
3	课上吃东西		3	
4	课上睡觉		3	
5	课上玩手机		3	
6	其他违纪行为		3	

任务小结

　　本次任务通过对Java特性、体系结构以及版本发展历程的介绍使大家对Java技术有了一个初步的认识。Java之所以能够取得成功,主要在于其开放性。实践证明人民群众是社会历史的主体,是历史的创造者,是社会变革的决定力量。技术的发展也是如此,Java有一个很庞大的社区组织,世界各地的Java开发者通过Java规范提案(Java Specification Requests,JSR)对标准化技术进行定义和修订,使更多现实的原理和理念源源不断地注入到Java技术体系中,实现了Java生态的不断进化。

　　Java EE和Java ME是目前最活跃的两个Java体系。由于技术的规范化,Java EE更多地表达着一种软件架构和设计思想,使Java EE的开发人群空前地壮大。同时智能手机的普及和各种智能物联终端、嵌入式设备的出现,催生出大量的基于Android系统的移动应用开发工程师。本书基于Java SE版来介绍Java的各种基础特性和面向对象的编程思想,同学们在学完本课程后可以向Java Web和移动应用开发两个方向发展,从事程序员、软件系统运维人员、软件测试员、售前售后服务人员等岗位的工作。

 任务测试

选择题

1. Java是( )的程序设计语言。

 A. 面向对象 B. 面向过程 C. 结构化查询 D. 面向结果

2. Java的并发机制是通过( )技术实现的。

 A. 多线程 B. 跨平台 C. 封装 D. 多态

3. Java源程序文件编译之后得到的是( )文件。

 A. 字节码 B. 二进制码

 C. 执行码 D. 源代码

4. 以下哪个不是Java的版本?( )

 A. Java EE B. Android

 C. Java ME D. Java SE

简答题

1. 简述Java虚拟机的概念,以及Java的跨平台特性是如何通过Java虚拟机实现的。

_____

_____

_____

2. 简述Java的体系结构。

_____

_____

_____

3. 请回答JVM、JRE、JDK三个概念间的区别及联系。

_____

_____

_____

任务2　环境变量的配置

本章实验

　　学习Java,不光要学习语法和编程的思想,还需要熟练掌握Java程序运行环境的配置和开发工具的使用。作为初学者,在有一件趁手的"兵器"(IDE集成开发环境)之前,要先把基础打好。对于Java程序的体系结构、运行的流程,既要知其然还要知其所以然,IDE能够提高程序开发的效率,读者在使用这些方便的操作工具前应该明白程序运行的本质是什么。所以在学习Java程序的初期,要多用命令行的方式来编译和运行程序。

学习目标

　　(1) 掌握JDK的下载和安装;
　　(2) 熟练掌握Java环境变量的配置;
　　(3) 熟练使用命令行运行"Hello World"。

知识准备

2.1　JDK的下载和安装

2.1.1　下载JDK

　　JDK是Java标准版开发工具包,是Java开发和运行的基础平台。Java程序的运行离不开JDK,通过它可以将Java源程序文件编译成字节码文件。目前使用最多的是JDK 8,该版本具备了Java开发者需要的基本功能,生态也比较完善,不用担心使用的包没有足够的支持。

　　(1) 访问JDK的官方网站(https://www.oracle.com/java/technologies/downloads/#java8-windows),如图2.1所示。

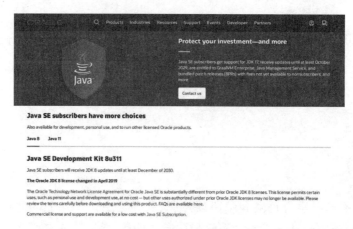

图2.1　JDK下载页

（2）打开下载页后，根据操作系统的类型选择需要安装的平台。JDK支持多种主流的操作系统，包括Windows、Linux、macOS等，选定操作系统后，再根据CPU的不同又分为多种。在下载Windows版本时，x86对应32位系统，x64对应64位系统。

（3）单击相应版本的下载链接，勾选"I reviewed and accept the Oracle Technology Network License Agreement for Oracle Java SE"，同意Oracle技术网络许可协议后开始下载。

2.1.2　安装 JDK

Windows版本的JDK安装包是一个扩展名为".exe"的可执行文件，直接安装即可。在安装过程中可以根据实际需要选择相应的功能组件和修改安装路径，没有特别要求时可直接按照默认方式进行安装。

（1）双击安装包进行安装，进入初始安装界面，点击"下一步"，如图2.2所示。

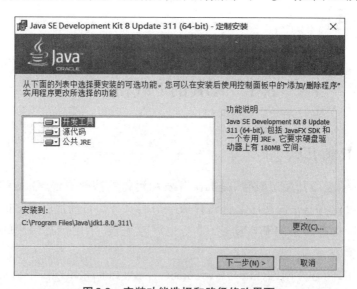

图2.2　安装功能选择和路径修改界面

（2）选择需要安装的功能组件，同时可以点击"更改"按钮设置JDK的安装路径。

（3）点击"下一步"按钮进入JDK的安装。

（4）单击"关闭"按钮，完成JDK的安装，程序默认的安装路径是"C:\Program Files\Java"。

2.1.3 JDK 目录说明

安装完JDK之后会在安装目录下生成一些文件及文件夹，它们的作用如表2.1所示。

表2.1 JDK目录说明

目　　录	功　　能
bin目录	包含一些用于开发Java程序的工具，例如编译工具(javac.exe)、运行工具 (java.exe) 、打包工具 (jar.exe)等
include目录	C语言的头文件，用于支持Java程序设计
jre目录	Java运行时环境的根目录
jre\bin目录	包含Java平台所使用的工具、类库的可执行文件和DLL文件
jre\lib目录	Java运行时环境所使用的核心类库
lib目录	包含开发Java程序所使用的类库文件
src.zip	归档的Java源代码

2.2 环境变量的配置

2.2.1 环境变量的概述

环境变量是描述环境的变量，是指在操作系统中用来指定操作系统运行环境的变量。它包含了一个或者多个应用程序使用到的信息。比如，Windows操作系统中的Path环境变量，当要求系统运行一个程序而没有告诉它程序所在的完整路径时，系统除了在当前目录下寻找此程序外，还会到 Path 中指定的路径去找。

通过设置环境变量，可以方便地运行程序。比如，刚刚安装的JDK，它的安装路径是C:\Program Files\Java。如果我们不配置环境变量，那么只能在JDK的安装路径下才能使用javac、java等命令编译运行Java程序，这样就非常不灵活了。通过配置环境变量，将JDK中的开发工具映射到任务路径下，这样不管我们的源程序文件在磁盘中哪个位置，都可以通过设置环境变量来使其顺利运行。

2.2.2 设置JDK环境变量

1. JAVA_HOME

JAVA_HOME是一个约定，指的是JDK的目录。如果需要JDK的话，程序会默认去环境变量中读取JAVA_HOME这个变量。当以后重新安装JDK到其他目录，或安装其他版本时，只需要修改该变量的值就可以了，其他变量的值无须变动。设置步骤如下：

（1）在"系统属性"对话框中选择"高级"选项卡下的"环境变量"按钮，如图2.3所示。

图2.3　系统属性界面

（2）在"环境变量"对话框中选择"系统变量"下方的"新建"按钮，如图2.4所示。

图2.4　环境变量界面

（3）在"新建系统变量"对话框中创建JAVA_HOME环境变量，变量名为"JAVA_HOME"，变量值为JDK的安装路径，点击"确定"按钮，如图2.5所示。

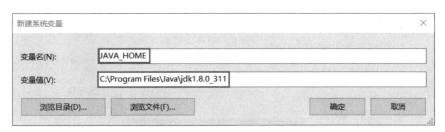

图2.5　JAVA_HOME设置

2. Path

Path是用来指定操作系统需要使用到的可执行程序的位置。对于Java来说，通常需要把JDK的bin文件夹添加进入Path中，这样就可以在任意目录下使用bin文件夹下面的可执行程序，如javac.exe、java.exe等。具体方法如下：

（1）在"系统变量"中找到"Path"变量，并点击"编辑"按钮，在原有值的基础上添加新的环境变量值，如图2.6所示。

图2.6　编辑"Path"变量

（2）在"编辑环境变量"对话框中点击"新建"按钮新增一个环境变量"%JAVA_HOME%\bin"。其作用为将环境变量"JAVA_HOME"的当前值取出并获取其中的bin目录，相当于"C:\Program Files\Java\jdk1.8.0_311\bin"，最后点击"确定"按钮，如图2.7所示。

图 2.7　增加"Path"变量值

3. CLASSPATH

CLASSPATH用于告诉Java执行环境,在哪些目录下可以找到我们要执行的Java程序需要的类或包。在JDK1.5之后的版本完全可以不用设置CLASSPATH环境变量就能正常加载这些类或包。但对于用户定义的类,需要告诉系统类名、存放在什么目录下,变量值"."就是将当前的工作空间目录添加至变量值中,如图2.8所示。

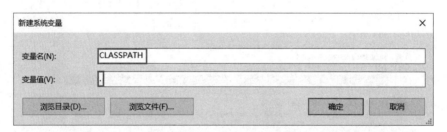

图 2.8　CLASSPATH设置

配置好环境变量后点击右键"开始"菜单,执行"运行"命令,输入"cmd"打开命令行窗口,依次输入javac和java命令,如果能看到图2.9和图2.10所示的提示信息,那么就说明JDK环境变量配置成功。

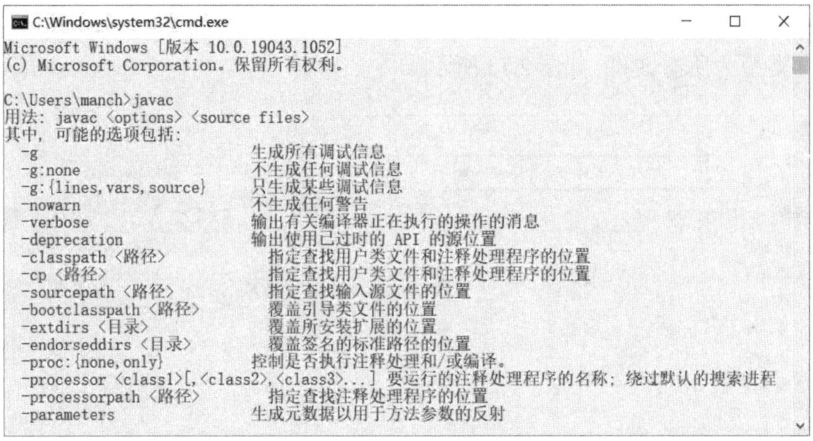

```
C:\Windows\system32\cmd.exe
Microsoft Windows [版本 10.0.19043.1052]
(c) Microsoft Corporation。保留所有权利。

C:\Users\manch>javac
用法: javac <options> <source files>
其中, 可能的选项包括:
  -g                         生成所有调试信息
  -g:none                    不生成任何调试信息
  -g:{lines,vars,source}     只生成某些调试信息
  -nowarn                    不生成任何警告
  -verbose                   输出有关编译器正在执行的操作的消息
  -deprecation               输出使用已过时的 API 的源位置
  -classpath <路径>            指定查找用户类文件和注释处理程序的位置
  -cp <路径>                   指定查找用户类文件和注释处理程序的位置
  -sourcepath <路径>           指定查找输入源文件的位置
  -bootclasspath <路径>        覆盖引导类文件的位置
  -extdirs <目录>              覆盖所安装扩展的位置
  -endorseddirs <目录>         覆盖签名的标准路径的位置
  -proc:{none,only}          控制是否执行注释处理和/或编译。
  -processor <class1>[,<class2>,<class3>...] 要运行的注释处理程序的名称; 绕过默认的搜索进程
  -processorpath <路径>        指定查找注释处理程序的位置
  -parameters                生成元数据以用于方法参数的反射
```

图2.9　javac命令提示信息

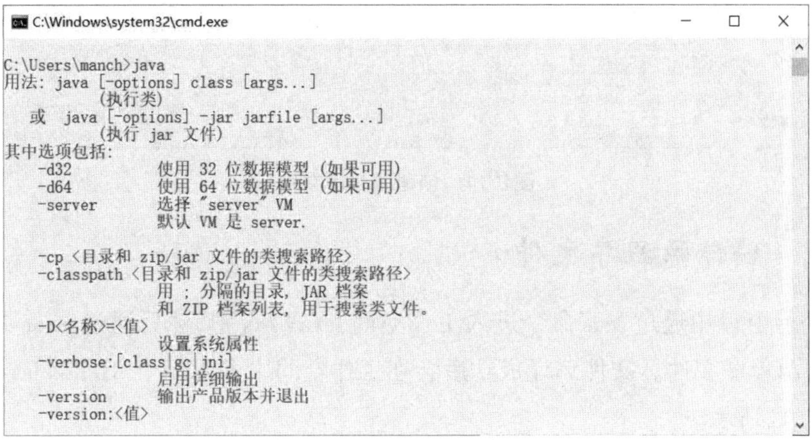

```
C:\Windows\system32\cmd.exe

C:\Users\manch>java
用法: java [-options] class [args...]
           (执行类)
   或  java [-options] -jar jarfile [args...]
           (执行 jar 文件)
其中选项包括:
    -d32          使用 32 位数据模型 (如果可用)
    -d64          使用 64 位数据模型 (如果可用)
    -server       选择 "server" VM
                  默认 VM 是 server.

    -cp <目录和 zip/jar 文件的类搜索路径>
    -classpath <目录和 zip/jar 文件的类搜索路径>
                  用 ; 分隔的目录, JAR 档案
                  和 ZIP 档案列表, 用于搜索类文件。
    -D<名称>=<值>
                  设置系统属性
    -verbose:[class|gc|jni]
                  启用详细输出
    -version      输出产品版本并退出
    -version:<值>
```

图2.10　java命令提示信息

2.3　命令行方式运行"Hello World"

Java源程序文件是一种扩展名为".java"的文本文件,用一般的文本编辑器加JDK的方式即可实现Java程序的开发。下面举例:在D盘创建一个文件夹为"JavaWork"作为工作空间,用Windows自带的记事本和命令行的方式来编写、编译和运行一个Java程序。

2.3.1　编写Java源程序文件

打开Windows附件中的记事本,输入如下代码:

```
public class Hello{
        public static void main(String[] args){
                System.out.println("Hello World !!");
         }
}
```

代码编辑完成后将源程序文档另存到D盘工作空间JavaWork中，文件扩展名必须为".java"，保存类型为所有文件，如图2.11所示。

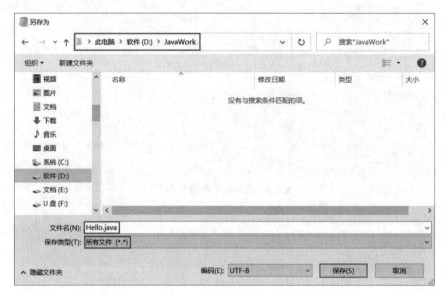

图2.11 创建源程序文件

2.3.2 编译源程序文件

在命令行窗口中通过"cd"命令进入工作空间JavaWork中，然后通过javac命令编译图2.11所示的源程序文件。文件编译成功后会在工作空间中多出一个"Hello.class"的字节码文件，如图2.12所示。

2.3.3 运行字节码文件

运行java命令解释字节码文件，在命令窗口中出现"Hello World !!"，这样编译运行的过程就算完成了。具体过程如图2.12所示。

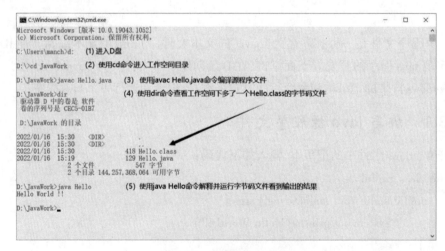

图2.12 编译运行的过程

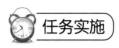 任务实施

任务情境2.1

请登录JDK官网下载JDK 8,并在自己的电脑上完成JDK的安装和环境变量的配置。

引导问题1 查看自己的电脑上安装的是什么类型的操作系统,并且是多少位的操作系统。

_____

_____

引导问题2 试试JDK的安装路径能不能使用中文或空格,并分析原因。

_____

_____

任务情境2.2

使用命令行的方式编译运行一个Java应用程序,打印图2.13所示的图形。

```
        *
      * * *
    * * * * *
  * * * * * * *
```

图2.13 打印图形

引导问题1 Java源程序文件名能不能和类名不同?

_____

_____

引导问题2 编译源程序文件时能否省略扩展名".java"? 解释字节码文件时是否需要区分大小写?

_____

_____

_____

评价与考核

课程名称:Java程序设计		授课地点:	
任务2:环境变量的配置		授课教师:	授课时数:
课程性质:理实一体		综合评分:	

知识掌握情况得分(35分)

序号	知识点	教师评价	分值	得分
1	JDK的下载和安装		5	
2	环境变量的配置		15	
3	命令行编译运行Java程序		15	

工作任务完成情况得分(65分)

序号	能力操作考核点	教师评价	分值	得分
1	JDK的正确安装		10	
2	成功配置环境变量		20	
3	源程序的编写		15	
4	命令行的正确使用		20	

违纪扣分(20分)

序号	违纪描述	教师评价	分值	扣分
1	迟到、早退		3	
2	旷课		5	
3	课上吃东西		3	
4	课上睡觉		3	
5	课上玩手机		3	
6	其他违纪行为		3	

任务小结

本次任务主要包括JDK的下载、安装、环境变量的配置、使用JDK命令行的方式来编译运行Java程序。看似简单的内容往往更容易出问题,对于刚接触Java的初学者来说,编译并运行一个无比简单的Java程序简直就是一场噩梦。

万事开头难,这个阶段正是好习惯的养成期。只要我们不忘初心、坚持不懈,熟练地掌握每一个知识点,慢慢地积累,就一定能够学有所成。最后,总结一下这个阶段的学习,以及容易出现的误区。

(1)不要尝试一次性通过编译,遇到编译错误,很多同学会很焦躁,实际上错误之间有关联,解决一个错误,可能后面的错误就会自动解除,千万不要被大量的错误吓倒。

(2)不要复制代码,这是一个非常不好的习惯,尤其在入门阶段,多尝试手敲代码。

(3)注意编程规范,如类名的定义规则、方法名的定义规则,养成良好的编程习惯。

任务测试

简答题

简述为什么要配置环境变量以及Java三个环境变量的作用。

_____

_____

_____

程序设计题

使用命令行的方式来编译运行一个Java应用程序,输出"I love China"。

_____

_____

_____

任务3　搭建集成开发环境

本章实验

我们可以直接使用文本编辑器来编写Java程序。但是,使用集成开发环境(Integrated Development Enviroment,IDE)将会带来更多的帮助。IDE会检查代码的语法错误,还能提供代码提示、程序跟踪调试等功能,最终将极大地提高代码编辑的效率,缩短程序开发的时间。本任务介绍目前流行的Java集成开发环境Eclipse的安装及使用。

学习目标

(1) 掌握Eclipse的下载、安装和使用;

(2) 熟悉Eclipse的窗口界面;

(3) 掌握Eclipse运行环境配置;

(4) 掌握Eclipse项目环境配置;

(5) 在Eclipse中能够熟练地运行程序;

(6) 熟练掌握Eclipse的常用操作。

 知识准备

3.1 Eclipse的下载、安装和使用

Java目前主流的IDE有3种。

（1）Eclipse：开源且免费，特性丰富、操作简单，受到了广大开发者的青睐，完美地满足初学者和企业级用户的需求，是目前最流行的Java集成开发环境。

（2）IntelliJ IDEA：提供免费版和付费版，功能强大，界面友好，能够为企业用户提供一套完备的开发功能集，是目前最流行的商业集成开发环境。

（3）NetBeans：开源且免费，以其友好的UI和出色的支持，成为了初学者的入门级IDE。

本书使用 Eclipse Mars Release (4.5.0)版作为集成开发环境，如果需要最新版本的Eclipse，可登录www.eclipse.org，点击"Download"按钮选择下载。

该版本的Eclipse不需要安装，解压 eclipse_java_mars.zip 到磁盘的任意目录，在JDK安装成功的情况下直接运行 eclipse.exe 即可。如果需要汉化版，使用离线安装的方式比较方便，而且想还原英文版也比较容易，如图3.1所示。操作步骤如下：

（1）进入网址 http://www.eclipse.org/babel/downloads.php，选择语言"Chinese (Simplified)"和版本"BabelLanguagePack-eclipse-zh_4.22.0.v20211218020001.zip"下载离线汉化包。

（2）解压汉化包中的两个文件夹至 Eclipse 文件夹的 dropins 文件夹中。

（3）打开 Eclipse 目录下的 Eclipse.ini，在最后一行加上"-nl zh"，然后重新启动 Eclipse 就能看到汉化的效果。

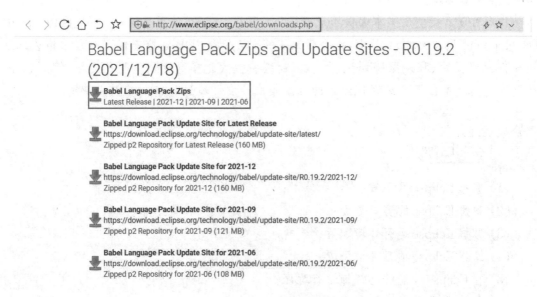

图3.1 汉化包下载

3.2 Eclipse的窗口界面

3.2.1 选择工作空间

第一次运行Eclipse时,会默认在当前用户文档下创建一个workspace目录,我们称之为"工作空间"。当然这个目录的位置是可以修改的,这里我们将它设置到D:\JavaWork下,如图3.2所示。根据预设,所有的工作都会保存在此目录中。若要备份工作目录,只要备份这个目录就可以了。若要升级至新版的Eclipse,只要复制这个目录即可。

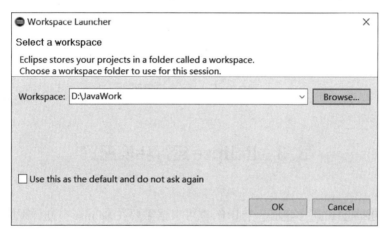

图3.2 选择工作空间

3.2.2 Eclipse窗口的构成

Eclipse的工作台由几个视图(View)窗格组成,称为透视图,如图3.3所示。常用的有以下几个:

(1)位于窗口最左端的是"Package Explorer"视图(包含资源管理器视图),这个视图是一个包含各种Java包、类、jar和其他文件的层次结构。

(2)在它旁边的是"Navigator"视图,在该视图下允许创建、选择和删除项目。

(3)最右侧的视图是"Outline"视图,用来在编辑器中显示文档的大纲。比如对于一个Java源文件,该视图显示所有已声明的类、属性和方法。

(4)位于窗口底部的是"任务视图",它用于显示正在操作项目的信息,比如当前项目的编译信息、运行过程中产生的其他相关内容。

Eclipse可以自定义工作台,方法是使用"Window"(窗体)菜单"Perspective"(透视图)下的"Reset Perspective"(复位透视图),将透视图还原成程序初始的状态;也可以从"Window"(窗体)菜单"Show View"(显示视图)中选取一个视图来显示它。

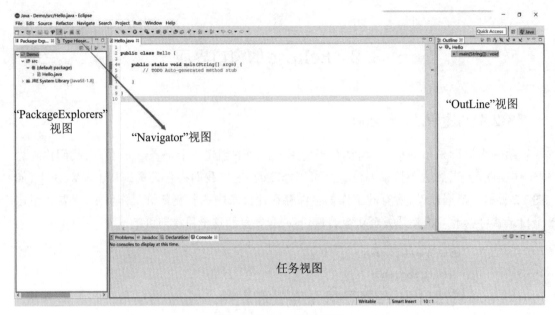

图3.3　Eclipse窗口界面

3.3　Eclipse运行环境配置

Eclipse能够自动找到并显示一个JRE,也可根据需要在Eclipse中进行添加、修改和删除JRE的操作,如图3.4所示。

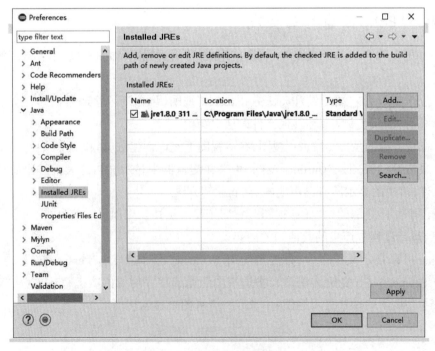

图3.4　运行环境配置窗口

（1）单击菜单"Window"（窗体），在下拉菜单中单击"Preferences"（首选项），弹出"Preferences"对话框。单击对话框左侧的Java节点，展开列表，在展开的列表中单击"Installed JREs"（已安装的JRE）选项，然后继续在对话框右侧打开的Eclipse中编写代码所使用的JRE列表。

（2）单击对话框中的"Add"（添加）按钮，可添加新的JRE。在弹出的"Add JRE"对话框中选择JRE类型，并单击"Next"（下一步），进入JRE定义步骤，在此输入JRE主目录和名称，单击"Finish"（完成）按钮。单击"Edit"（编辑）或"Remove"（移除）按钮，对选中的JRE进行编辑或删除操作。

3.4　Eclipse项目环境配置

Eclipse在项目中的各种环境配置主要包括项目的源代码目录，添加、修改、删除类库，设置源代码的编译级别等。

3.4.1　设置项目类库

项目类库窗口如图3.5所示，其设置具体操作步骤如下：

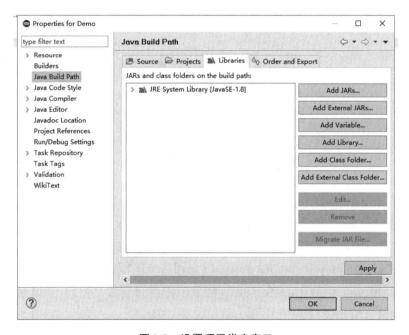

图3.5　设置项目类库窗口

（1）单击菜单"Project"（项目），在弹出的下拉菜单中选择"Properties"（属性）项，可打开项目属性对话框查看项目信息。

（2）单击对话框左侧列表中的"Java Build Path"（Java构建路径）选项，对话框右侧会显示相关的设置标签页。"Source"（源码）显示源代码目录（一个或者多个）以及Java源代码编译后产生的类文件所存放的目录。可在此修改这些参数,或进行源代码目录的添加、删除。

(3) 单击"Libraries"(库)可添加、编辑、删除当前项目的类库。这些类库文件可以是 JAR 包,也可以是一些类文件夹,在编译源文件时使用。

3.4.2 设置项目的编译级别

项目编译级别窗口如图 3.6 所示,其设置具体操作步骤如下:

(1) 单击项目属性对话框中的"Java Compiler"(Java 编译器)项可设置代码的编译器级别。高版本一般能兼容低版本,而低版本却无法运行含有高版本内容的程序。比如开发者用 JDK 1.8 开发的程序就无法在 JDK 1.6 的主机上编译,因此需要设置编译器的等级,防止类文件因版本过高而不能被目标 JDK 识别。

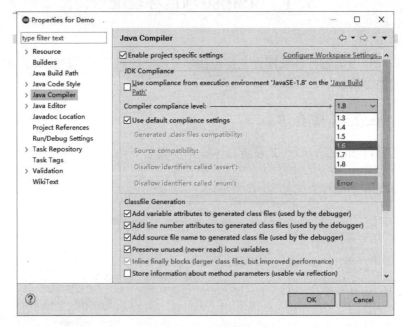

图 3.6 设置项目编译级别窗口

(2) 勾选"Enable project specific settings"(启用特定于项目的设置)复选框,并在右侧的下拉列表中选择目标的编译级别,如"1.3""1.4"等。还可取消"Use default compliance settings"(使用缺省一致性设置)复选框的选中状态,设置 class 文件和源代码的兼容性等。

(3) 取消"Enable project specific settings"(启用特定于项目的设置)复选框的选中状态,单击右侧的"Configure Workspace Settings"(配置工作空间设置)可打开全局设置对话框,修改所有项目的默认编译级别。

3.5 在 Eclipse 中运行程序

掌握了 Eclipse 的基本使用方法之后,就可以在 Eclipse 下运行一个 Java 应用程序。这个过程分为四步。

（1）首先需要创建一个Java项目，接下来创建包，在包中定义类，最后编译运行。打开Eclipse，点击"File"（文件）→"New"（新建）→"Java Project"（Java项目）→"Project Name"，为项目取一个名字Demo，点击"完成"。

展开Demo项目，可以看到项目下有一个"src"文件夹，它是用来存放该Java项目的所有源程序文件的，展开"JRE System Library"（JRE系统库），可以看到下面有很多的JAR包文件，这些都是Java程序在编译运行期间用到的工具类或第三方工具包。

（2）选中src文件夹→右键"New"（新建），新建一个"Package"（包），这里所谓的包就是一个文件夹，当Java项目规模比较大时，里面可能有很多的源程序文件，为了方便对这些文件进行管理，我们可以创建包，将功能相近的源程序文件放到一个包里，这样整个项目的层次结构就不会混乱了。包名一般采用倒写的开发者所在机构的网址，比如"cn.edu.fyvtc.test"。

（3）包建好之后，选中该包，右键新建一个"Class"（类），类名取为Hello，在"Which method stubs would you like to create?"（想要为哪些方法创建存根）里选择"public static void main(String[] args)"。然后点击"完成"，这时会发现Hello类的结构以及main函数已经自动创建好了，我们只需要在main函数的函数体中添加需要的语句。

（4）程序编辑完毕后，按下"Ctrl+Shift+F"快速格式化代码，最后选中Demo项目，点右键"Run as"（运行方式）选择"Java Application"（Java应用程序），就可以在控制台看到运行结果"Hello World!!"，如图3.7所示。

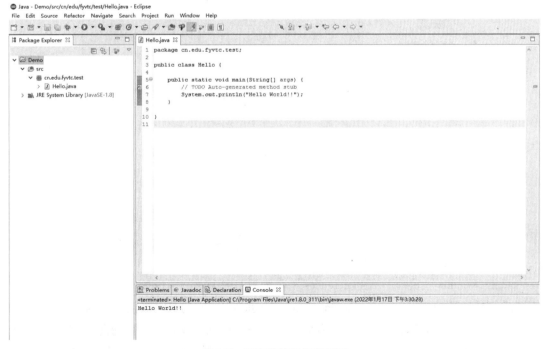

图3.7　程序结构及运行结果

3.6 Eclipse的常用操作

3.6.1 代码显示风格设置

我们在使用Eclipse时如果想要修改代码的字体、字形、字号等外观样式,则可以通过修改代码的显示风格的方式进行调整。

点击"Window"(窗口)→ "Preferences"(首选项)→ "General"(常规)选项,点击下面的"Appearance"(外观)→ "Color and Fonts"(颜色和字体)→ "Basic"(基本)→ ""(文本字体)并双击,在弹出的对话框里进行字体、字形、字号、颜色的设置。比如这里将字号设置为20,最后点击"确定",这时编辑区的代码文字相应变大,如图3.8所示。

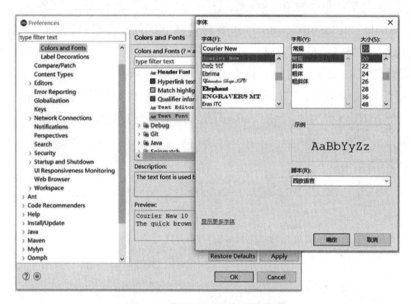

图3.8 代码显示风格设置界面

3.6.2 启用内容辅助

Java中的系统类有好几千个,每个系统类又定义了大量的方法,我们是不可能将这些类和方法都记下来的,这时内容辅助就起作用了。如果我们想输入任意一个字符时都会有内容提示出现,必须启用内容辅助。

点击"Window"(窗口)→"Preferences"(首选项)→"Java"→"Editor"(编辑器)→"Content Assist"(内容辅助),在"Auto activation triggers for Java"(Java的自动激活触发器里)可以看到当前的Java内容辅助触发器是".",若我们想让任意字符都可以触发内容辅助,则需要将插入点插入式文本框中,将26个大写字母和26个小写字母全部添加进去,这样我们在输入任意一个大写或小写的字母时都可以触发内容辅助功能,从而极大地提高代码输入的效率,如图3.9所示。

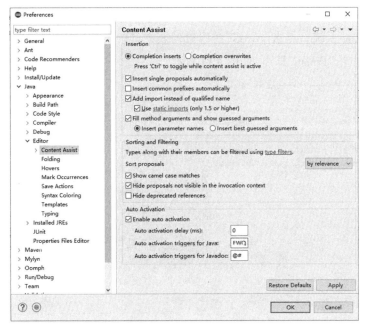

图 3.9　启用内容辅助界面

3.6.3　项目的导入/导出

若要获取已有项目的源文件或将当前项目导出至其他位置,则要进行项目的导入/导出。

导入项目时,单击"File"(文件)菜单,在弹出的下拉菜单中选择"Import"(导入)项。在弹出的对话框中展开"General"(常规)节点,选择"Existing Projects into Workspace"(现有项目到工作空间中)选项,把已存在的项目导入工作区。

选中单选按钮"Select root directory"(选择根目录),单击"Browse"(浏览)按钮,选择包含项目的文件夹,选中的项目会显示在对话框中部的"Projects"(项目)列表框中。勾选列表框下的"Copy projects into workspace"(将项目复制到工作空间),新导入的项目会自动进入项目文件中。最后单击"Finish"按钮完成项目导入,就能进行项目的编辑和运行了,如图3.10所示。

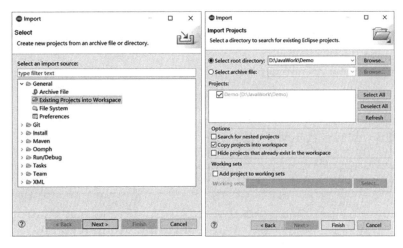

图 3.10　项目导入界面

导出项目时,首先选中要导出的Java项目,点击右键"Export"(导出)→"General"(常规)→"File System"(文件系统),点击"Next",在项目列表中选中要导出的项目,然后设置导出后的保存位置,最后点击"Finish"即可,如图3.11所示。

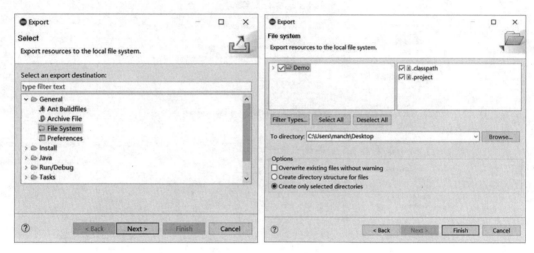

图3.11 项目导出界面

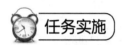 任务实施

任务情境

到Eclipse官网下载Eclipse Mars Release (4.5.0)版,配置成功后创建一个Java项目,在控制台打印输出自己的学号和姓名。

引导问题1 使用快捷键"Ctrl+Shift+F"格式化代码时,和输入法的热键发生冲突,怎么处理?

_____

_____

引导问题2 如何调整Java代码区域、控制台及其他文件的字体大小和颜色?

_____

_____

引导问题3 控制台找不到了,怎么办?

_____

_____

评价与考核

课程名称:Java程序设计		授课地点:	
任务3:搭建集成开发环境		授课教师:	授课时数:
课程性质:理实一体		综合评分:	

知识掌握情况得分(35分)				
序号	知识点	教师评价	分值	得分
1	Eclipse的下载、安装和使用		5	
2	Eclipse的窗口界面		5	
3	Eclipse运行环境配置		5	
4	Eclipse项目环境配置		5	
5	在Eclipse中运行程序		10	
6	Eclipse的常用操作		5	

工作任务完成情况得分(65分)				
序号	能力操作考核点	教师评价	分值	得分
1	正确处理快捷键和其他热键的冲突		20	
2	熟练掌握Eclipse的各种使用技巧		20	
3	正确使用Eclipse运行程序		25	

违纪扣分(20分)				
序号	违纪描述	教师评价	分值	扣分
1	迟到、早退		3	
2	旷课		5	
3	课上吃东西		3	
4	课上睡觉		3	
5	课上玩手机		3	
6	其他违纪行为		3	

任务小结

　　"工欲善其事,必先利其器。"要做好一件事,准备工具非常重要。工匠在做工前打磨好工具,操作起来就能得心应手,就能达到事半功倍的效果,潜移默化中使自己的技术得到提升。学习任何计算机语言都必须熟练地掌握一个高效的集成开发环境,这就相当于给自己找了件趁手的兵器,因为在实际开发中都是使用集成开发环境进行开发的,所以在学习过程中需要熟练地掌握该类工具的使用。虽然这类工具有很多,但一般的使用过程都是类似的,只要熟练地掌握其中一个,其他工具就能融会贯通。

简答题

查阅相关资料,总结 Eclipse 的常用快捷键有哪些。

_____

_____

_____

_____

项目2　Java语言基础

本项目主要介绍Java的数据类型、常量和变量、运算符和表达式、流程控制、数组与字符串等Java语言的基础知识。

◇ 任务4　数据类型、常量和变量
◇ 任务5　运算符和表达式
◇ 任务6　流程控制
◇ 任务7　数组与字符串

任务4 数据类型、常量和变量

本章实验

Java程序处理的数据可按照其特点分为不同类型。使用变量可方便地存储计算中的过程数据和结果数据,变量可通过标识符进行表示。本任务介绍数据类型、变量和常量的定义和使用。

学习目标

(1) Java关键字和标识符;

(2) Java基本数据类型;

(3) Java中的常量和变量;

(4) 数据类型转换。

知识准备

4.1 Java语言标识符和关键字

4.1.1 关键字

关键字是Java语言保留的具有特殊意义的单词。它们用来表示一种数据类型或者程序的结构等,可以把关键字看作一个约定。在Java语言中,Java开发和运行平台之间,只要按照约定使用了某个关键字,Java的开发和运行平台就能够认识它并进行正确的处理。

表4.1列举了Java中的关键字。

这些关键字的具体含义和使用方法会在后面项目用到的地方进行详细讲述。

所有关键字都是小写的。

Java中的关键字也是随着新的版本发布而动态变化的。

其中,goto和const是Java语言的保留字,虽然在Java程序中不再使用,但是不能作为标识符。

表4.1　Java中的关键字

类　型	关　键　字
访问控制	private、protected、public、default、private
类、方法和变量修饰符	abstract、class、extends、final、implements、interface、native、new、static、strictfp、synchronized、transient、volatile
程序控制语句	break、case、continue、default、do、else、for、if、instanceof、return、switch、while
错误处理	assert、catch、finally、throw、throws、try
包相关	import、package
基本类型	boolean、byte、char、double、float、int、long、short
变量引用	super、this、void
保留关键字	goto、const

4.1.2　标识符

程序在执行中需要存储各种类型的数据,系统会在内存中为这些数据分配存储单元,这些存储单元可以用标识符来表示。标识符是Java对各种变量、方法和类等要素命名时使用的字符序列,凡是自己可以起名字的地方都叫标识符。

定义合法标识符规则为:

(1)标识符由字母、下划线"_"、美元符"$"或数字组成。

(2)标识符应以字母、下划线、美元符开头。

(3)Java标识符大小写敏感,长度无限制。

另外需注意,Java标识符选取应注意"见名知意"且不能与Java语言的关键字重名。

标识符命名的建议:如果标识符由多个单词构成,那么从第2个单词开始,首字母应大写。这种命名法称为驼峰命名法。例如,isText、canRun。

下列哪些是正确的标识符?

_123abc、=read、1extends、abstract、end$

错误标识符的原因是什么呢?

4.2　Java基本数据类型

在日常生活中,我们通常会对信息进行分类。例如给数据设置单位,从而使得我们很容易地判断某个数据表示的是一个百分数还是一个整数。

Java程序当中对数据的分类是根据其各自的特点来进行划分的,划分的每一种类型都有区别于其他类型的特征,每一种类型的数据都有相应的特点和它的操作功能。

Java语言的数据类型从大的方面可以分成两类,一是基本数据类型,一是引用数据类型。Java数据类型分类如图4.1所示。下面分别介绍各种基本数据类型。

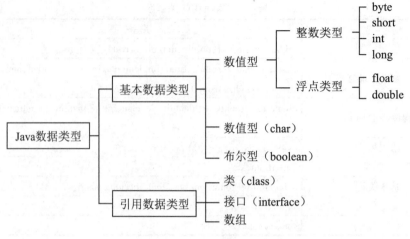

图4.1　Java数据类型分类图

1. byte型(字节型)

byte数据类型是8位、有符号的以二进制补码表示的整数。

最小值是-128(-2^7);

最大值是127(2^7-1);

默认值是0。

byte类型用在大型数组中可节约空间,主要代替整数,因为byte型变量占用的空间只有int类型的四分之一。

例子:byte a = 100,byte b = -50。

2. short型(短整型)

short数据类型是16位、有符号的以二进制补码表示的整数。

最小值是-32 768(-2^15);

最大值是32 767(2^15 - 1);

默认值是0。

short数据类型也可以像byte那样节省空间。short型变量是int型变量所占空间的二分之一。

例子:short s = 1000,short r = -20000。

3. int型(整型)

int数据类型是32位、有符号的以二进制补码表示的整数。

最小值是-2 147 483 648(-2^31);

最大值是2 147 483 647(2^31 - 1);

默认值是0。

一般的整型变量默认为int类型。

例子:int a = 100000, int b = -200000。

4. long型(长整型)

long数据类型是64位、有符号的以二进制补码表示的整数。

最小值是−9 223 372 036 854 775 808(−2^63);

最大值是9 223 372 036 854 775 807(2^63 −1);

默认值是0L。

这种类型主要使用在需要比较大整数的系统上。

例子:long a = 100000L,long b = −200000L。

Java 中整数型的值都是带符号的数字,可以用十进制、八进制和十六进制来表示。

5. float型(单精度浮点型)

float 数据类型是单精度、32位、符合 IEEE 754标准的浮点数。

float 在储存大型浮点数组的时候可节省内存空间。默认值是0.0f。

浮点数不能用来表示精确的值,如货币。

例了:float f = 234.5f。

6. double型(双精度浮点型)

double 数据类型是双精度、64位、符合 IEEE 754标准的浮点数。

浮点数的默认类型为 double 类型。默认值是0.0。

double 类型同样不能表示精确的值,如货币。

例子:double d = 123.4。

7. char型(字符型)

char 类型用来表示单个字符,一个字符代表一个16位无符号的 Unicode 字符。

Unicode 编码是一种在计算机上使用的字符编码。它为每种语言中的每个字符设定了统一并且唯一的二进制编码,以满足跨语言跨平台进行文本转换处理的要求。

8. boolean型(布尔型)

boolean 数据类型表示一位的信息,只有两个取值:true 和 false。

这种类型只作为一种标识来记录 true/false 情况。默认值是 false。

例子:boolean flag = true。

注意:与其他编程语言不同,在 Java 中,布尔型只能使用布尔值表示,整数类型并不能够转化成布尔型。

4.3　常量与变量

4.3.1　常量

常量是在程序执行过程中值始终不会被改变的量。常量分为字面常量和符号常量。字面常量是直接通过数据值来表示的。例如数字1、字符"a"、浮点数3.2等。在 Java 中,常量包括整数型常量、实数型常量、布尔型常量、字符型常量等。

1. 整数型常量

Java 的整数型常量值主要有如下3种形式:

十进制数形式：如 54、-67、0。

八进制数形式：Java 中的八进制常数的表示以 0 开头，如 0125 表示十进制数 85，-013 表示十进制数 -11。

十六进制数形式：Java 中的十六进制常数的表示以 0x 或 0X 开头，如 0x100 表示十进制数 256，-0x16 表示十进制数 -22。

一个整数的常量默认在内存当中占 32 位，也就是 int 类型。当运算过程中所需值超过 32 位长度时，可以把它表示为长整型（long）数值。长整型类型则要在数字后面加后缀 L 或 l，如 697L，表示一个长整型数，它在内存中占 64 位。而 byte 和 short 类型的常量，需要使用强制数据类型的转换方式来表示，如（byte）0 和（short）0，分别表示一个字节常量 0 和一个短整型常量 0。

2. 实数型的常量

Java 的实数型常量值主要有如下两种形式：

十进制数形式：由数字和小数点组成，且必须有小数点，如 12.34、-98.0。

科学记数法形式：如 1.76e5 或 35E3，其中 e 或 E 之前必须有数字，且 e 或 E 之后的数字必须为整数。

Java 的实数型常量默认在内存中占 64 位，是具有双精度型（double）的值。如果考虑到需要节省运行时的系统资源，而运算时的数据值取值范围并不大，同时运算精度要求不太高的情况，那么可以把它表示为单精度型（float）的数值。

单精度型数值一般要在该常数后面加 F 或 f，如 69.7f，表示一个 float 型实数，它在内存中占 32 位。

3. 布尔型常量

Java 的布尔型常量只有两个值，即 false（假）和 true（真）。

4. 字符型常量

Java 的字符型常量值是用单引号引起来的一个字符，它可以是英文字母、数字、标点符号以及由转义序列来表示的特殊字符。其中这种特殊形式的字符是以"\"开头的字符序列，称为转义字符，包括一些表示控制的字符。

表4.2　Java中常用的转义字符

转义字符	说　　明
\xxx	1~3 位八进制数表示的字符
\uxxxx	1~4 位十六进制数表示的字符
\'	单引号字符
\"	双引号字符
\\	双斜杠字符
\r	回车
\n	换行
\b	退格
\t	横向制表符

5. 符号常量

符号常量是指在程序当中使用标识符来代替常量值。Java 语言使用 final 关键字来定义一个常量,程序中可直接通过标识符来读取常量值。符号常量一经定义,它的值不能再被改变,每一个符号常量都有其数据类型。根据命名习惯,常量标识符中的英文字母使用大写的。

其语法如下所示:

final 数据类型名称 常量标识符 = 常量值;

例如:"final double PI = 3.1415926;"。

常量的值一般在最初赋值之后是不允许再进行更改的,如果程序执行中更改其值,则会出现错误信息。

4.3.2　变量

标识符是用来表示存放数据的存储单元,若存储单元中的数据在程序执行中是可以改变的,那该标识符称为变量。在 Java 语言中变量必须先声明后使用,并且在使用之前应该为变量赋初始值。变量在声明时应指定其数据类型、命名规则,遵从标示符的命名规则。

变量的定义格式如下:

数据类型 标识符 = 变量值;

例如:"int num = 100; char id = 'b';"。

变量的作用域规定了变量所能使用的范围,只有在作用域范围内变量才能被使用。根据变量声明位置的不同,变量的作用域也不同。Java 中一对中括号中间的部分就是一个代码块,代码块决定其中定义的变量的作用域。变量的适用范围就是声明该变量时所在的代码块,也就是代码块外的这对中括号包括的范围。在作用范围外是不能再使用该变量的。

4.4　类　型　转　换

在数据赋值和运算中,如果将一种数据类型的常量或变量转换到另外一种数据类型,称为类型转换。类型转换分为两种:自动类型转换(也称隐式类型转换)和强制类型转换(也称显式类型转换)。

4.4.1　自动类型转换

自动类型转换是编译系统按照数据类型优先次序自动完成的。按照数据类型取值范围大小的顺序可将它们的优先级表示如下。

低 ------------------------------> 高

byte,short,char—> int —> long—> float —> double

将一种低级类型的数据转换成另外一种高级类型时,如果两种类型兼容,Java 将执行自动类型转换。例如,short 类型向 int 类型转换时,由于 int 类型的取值范围较大,会自动将

short 转换为 int 类型。

例如：

short s = 123;

int i = s;//变量s自动转化为int型,再赋给变量i

由于不同数据类型之间可以进行转换,整型、浮点型以及字符型可以参与混合运算。运算中,不同类型的数据可以先转换成同一种类型的数据,再进行运算。例如,int类型的数据和double类型的数据同时参与运算,则int类型的数据会先转换成double类型。

注意:char类型比较特殊,char自动转换成int、long、float和double,但byte和short不能自动转换为char,而且char也不能自动转换为byte或short。

4.4.2　强制类型转换

当需要将高级数据类型的数据转换成低级数据类型时,可以使用强制类型转换方法。强制类型转换可以将高精度的数据类型转化为低精度的数据类型。其语法格式如下:

(目标数据类型)变量或常量;

例如:

float f = 3.0f;

int i = (int)f;//首先将float类型变量f的值强制转换成int类型,然后将值赋给i,但是变量f本身的值是没有发生变化的

注意:如果要转换的数据超过目标数据类型表示的最大值,程序会报错;同时,强制类型转换会导致数据精度损失。

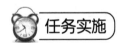任务实施

任务情境

编写程序,定义8种基本数据类型的变量,接收从键盘输入的8个数据,并将其输出。

引导问题1　变量命名的基本规则是什么?

_____

_____

引导问题2　如何实现从键盘输入数据?

_____

_____

_____

引导问题3　当输入数据大小超出变量的表示范围,应该怎么处理?

_____

任务情境调试记录可以记录在表4.3中。

表4.3 任务情境调试记录

序号	错误或异常描述	解决方案	备注
1			
2			
3			
4			
5			

评价与考核

课程名称:Java程序设计		授课地点:		
任务4:数据类型、常量和变量		授课教师:	授课时数:	
课程性质:理实一体		综合评分:		

知识掌握情况得分(35分)				
序号	知识点	教师评价	分值	得分
1	Java关键字		5	
2	Java标识符		5	
3	数据类型		5	
4	常量		5	
5	变量		10	
6	数据类型转换		5	

工作任务完成情况得分(65分)				
序号	能力操作考核点	教师评价	分值	得分
1	正确定义与使用变量、常量		20	
2	掌握各种数据类型的使用范围		15	
3	掌握从键盘接收数据的方法		15	
4	掌握类型转换方法和用途		15	

违纪扣分(20分)				
序号	违纪描述	教师评价	分值	扣分
1	迟到、早退		3	
2	旷课		5	
3	课上吃东西		3	
4	课上睡觉		3	
5	课上玩手机		3	
6	其他违纪行为		3	

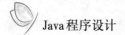

任务小结

　　在本任务中,同学们接触到了标识符的命名规则。大家会发现,即使再简单的程序在调试过程中,可能一个小小的命名错误,或是变量名错误,就会导致程序的无法运行。程序语言和大家日常的交流语言不一样,它的严谨度更高,这就要求同学们在学习的过程中养成一丝不苟的学习习惯。掌握一门新的编程语言,学习它的数据类型是必经之路。Java决定了每种基本数据类型所占字节的大小,这些大小并不随着操作系统而变化,这个特性是Java程序具有很强移植能力的原因之一。

任务测试

选择题

1. 下列标识符中合法的是(　　)。

　　A. –id　　　　　B. 8java　　　　　C. public　　　　　D. hello_3

2. 定义一个初始值为132.9的浮点型类型的变量,下列正确的语句是(　　)。

　　A. float f_1 = 132.9;　　　　　　B. float 1_f = 132.9f;

　　C. float f$1 = 132.9f;　　　　　　D. float f#1 = 132.9;

3. 以下语句中正确的是(　　)。

　　A. int i = 34.56;　　　　　　　　B. float f = "abc";

　　C. boolean b = 0;　　　　　　　　D. short s = 98;char c　= (char)s;

4. 以下关于数据类型的说法中,错误的是(　　)。

　　A. long类型数据的默认值是0L

　　B. float类型的数据可自动转换成double类型

　　C. 整数1可以自动转换为boolean类型

　　D. 多种类型的数值型数据可以共同参与计算

5. 以下选项中关于常量的叙述,错误的是(　　)。

　　A. 所谓常量,是指在程序运行过程中,其值不能被改变的量

　　B. 常量分为整型常量、实型常量、字符常量和字符串常量

　　C. 常量标识符的英文字母一般使用大写英文字母

　　D. 经常被使用的变量可以定义成常量

简答题

1. 请写出Java标识符的命名规则。

_____

_____

_____

_____

2. Java中整型可以与布尔型相互转换吗?

_____

_____

_____

_____

3. Java中如何进行强制类型转换,会带来什么影响?

_____

_____

_____

_____

任务5　运算符和表达式

本章实验

　　任何语言都有自己的运算符,Java语言也不例外。各种类型的数据通过运算符组成表达式,按照运算符的优先级和结合性对操作数进行运算求值。运算符是编程参与计算的最核心内容,本次任务介绍各种类型运算符的基本用法。

学习目标

　　(1) 掌握各种类型的Java运算符;
　　(2) Java运算符的优先级和结合性;
　　(3) Java表达式。

知识准备

5.1　运　算　符

　　我们对将各种数据类型的数据进行加工的过程叫作运算,表示各种不同运算的符号叫作运算符。参与运算的数据称为操作数。

按照操作数的个数划分,可以将运算符分为如下几种:

一元运算符:++、--、~等。

二元运算符:+、-、*、&&等。

三元运算符:?:。

按运算功能划分,可以将运算符分为如表5.1所示几种类型。

表5.1　运算符分类表

类　型	运算符
算术运算符	+、-、*、/、%、++、--、-
赋值运算符	=、+=、-=、*=、/=、%=
比较运算符	>、<、>=、<=、==、!=
逻辑运算符	!、&&、||、^、&、|
位运算符	&、|、^、~、<<、>>、>>>
条件运算符	Boolean ? a:b
类型比较运算符	instanceof

5.1.1　算术运算符

算术运算符用于数学计算,其操作数是数字。算术运算符中有一元运算符(表5.2)和二元运算符(表5.3)。其中一元运算符有取正、取负,自增、自减。

表5.2　一元算术运算符

算术运算符	说　明	例　子
+	取正运算符,较少使用	i = 3;+i;i还是3
-	取反运算符	i = 3;-i;i是-3
++	变量值自加,两种用法: ++变量 变量++	i = 3; i++; i是4 ++i; i是4
--	变量值自减,两种用法: --变量 变量--	i = 3; i--; i是2 --i; i是2

二元运算符有加法、减法、乘法、除法、取余。

表5.3　二元算术运算符

算术运算符	说　明	例　子
+	加法运算符	3+7
-	减法运算符	4-3
*	乘法运算符	4*5
/	除法运算符	5/4
%	取余(或模)运算符	5%4

(1) 对于除法运算,如果操作数全为整数时,是做整除,例如15/4的结果是3,会直接去掉小数部分。如果操作数是实数,则是做实数除法,例如15.0/2得到的结果7.5。

(2) 取余运算经常用作判断数字是否为偶数,或者是否能够被某个数整除,还有例如求解每个位置上的数字。

（3）有关自增、自减运算中，要注意自增和自减符号和变量位置会影响运算结果。++x和x++都可以使得变量x=x+1，但两者的区别是++x是先执行x=x+1再使用x的值，而x++是先使用x的值再执行x=x+1。这类运算符经常用于循环语句中的循环变量控制。注意自增、自减运算符只能用于变量，不能用于常量和表达式。

（4）"+"运算符除了用于算术加法运算外，还可以用于字符串的连接。例如"ja"+"va"的结果是"java"，而且只要 + 运算符两侧有一个操作数是字符串，都可以将字符串与其他类型数据连接成一个新的字符串。如"abc"+"123"的运算结果是"abc123"。

5.1.2　赋值运算符

赋值运算符用于将常量、变量或表达式的值赋给一个变量。通常使用符号"="表示赋值运算符。为了简化程序，提高编译效率，可以在"="前面加上其他运算符组成扩展赋值运算符。常用的赋值运算符如表5.4所示。

表5.4　赋值运算符

赋值运算符	描　述	示　例	等效的表达式
=	赋值	a = b	将b赋值给a
+=	加等于	a += b	a = a+b
-=	减等于	a -= b	a = a-b
*=	乘等于	a *= b	a = a*b
/=	除等于	a /= b	a = a/b
%=	模等于	a %= b	a = a%b

赋值运算符在使用时，左边必须是变量，不能是常量或表达式。赋值运算符的结合性是从右到左的，可以将多个赋值语句组合成一条语句，例如：

x = y = z= 6;//按照从右向左的结合性，相当于x=(y=(z=6))

当赋值运算符两侧的数据类型不一致时，可以使用自动类型转换或强制类型转换。

5.1.3　比较运算符

比较运算符用于测试两个操作数之间的关系。通过比较运算后，得到一个布尔型值的结果，true或false。注意，在Java语言中，true或false不能用0或1表示。关系运算符常用于逻辑判断，例如用在分支结构控制分支和循环结构控制循环。比较运算符如表5.5所示。

表5.5　比较运算符

比较运算符	说　明	举　例	结　果
<	小于	5<4	false
>	大于	5>4	true
<=	小于或等于	5<=4	false
>=	大于或等于	5>=4	true
==	相等于	5==4	false

续表

比较运算符	说　明	举　例	结　果
!=	不等于	5!=4	true
instanceof	是否是指定类的对象	"java"instanceof String	true

5.1.4　逻辑运算符

逻辑运算符用于对布尔型结果的表达式进行运算,运算的结果也是布尔型。逻辑运算符多数情况下会和其他运算符一起使用,并且通常会用在判断、循环结构语句中。逻辑运算符如表5.6所示。

表5.6　逻辑运算符

逻辑运算符	描　述	举　例	说　明
!	逻辑非	!a	a为true时得false,a为false时得true
&	逻辑与	a&b	a和b都为true时才得true
		逻辑或	a|b	a和b都为false时才得false
&&	短路逻辑与	a&&b	a和b都为true时才得true
||	短路逻辑或	a||b	a和b都为false时才得false
^	逻辑异或	a^b	a和b不相同时得true

&和&&的运算符都是表示运算符两侧都是true时,结果才是true。它们的区别是:逻辑与是分别计算两边表达式的结果,再做&运算。而短路与是先计算左边的表达式,如果结果为false,那么不用计算右边的表达式,运算结果直接返回false;如果左边的表达式结果为true,再计算右边的表达式,如果右边的表达式为true,结果为true。同样,|和||的区别与&和&&的区别一样,如果使用后者运算符,当左边和表达式计算结果是true,则将不会计算右边的表达式。

5.1.5　位运算符

计算机中的数据是以二进制的形式存放的,位运算符是对操作数中的每个二进制位进行运算。位运算符如表5.7所示。

表5.7　位运算符

位运算符	描　述	举　例	说　明
~	按位取反	~a	两个操作数对应二进制位分别进行与运算
&	按位与	a&b	两个操作数对应二进制位分别进行与运算
		按位或	a|b	两个操作数对应二进制位分别进行或运算
^	按位异或	a^b	两个操作数对应二进制位分别进行异或运算
<<	按位左移	a<<b	把二进制形式的a左移b位,溢出的高位丢弃,低位空出的b位补0,符号位不变
>>	带符号按位右移	a>>b	把二进制形式的a右移b位,溢出的低位丢弃,高位空出的b位用原来的符号位补上
>>>	无符号按位右移	a>>>b	把二进制形式的a右移b位,溢出的低位丢弃,高位空出的b位补0

注意:&、|、^符号还用作逻辑运算,可以通过操作数的类型判断这些符号代表哪个运算。

5.1.6　条件运算符

条件运算符是三元运算符,用三个操作数完成运算,通过判断条件决定执行哪个表达式。一般的形式为:

表达式1? 表达式2:表达式3

表达式1应能够得到布尔型结果,如果该结果是真,则取表达式2的值作为最终结果;如果表达式1的结果是假,则选择表达式3的值作为最终结果。例如:

5>4 ? a+=5 : b-=5;

上述表达式的结果是a=a+5。

5.2　表　达　式

表达式是按照一定语法规则将操作数和运算符连接组成的序列,用来说明运算过程并返回运算结果。对表达式中操作数进行运算得到的结果称为表达式的值,表达式的类型由运算符和表达式的值的数据类型决定。

算术表达式:用算术运算符和括号连接起来的表达式,如10+y/(9+3)。

比较表达式:用比较运算符组合的表达式,运算结果是布尔型,如(y+x)>10。

逻辑表达式:结果是布尔型的变量或表达式可以通过逻辑运算符组成的逻辑表达式。如(i<30)&&(10>y)。

表达式的运算是按照运算符的优先级从高到低的顺序进行的,而优先级相同的运算符按照各自的结合方向进行。

5.2.1　运算符的优先级和结合性

运算符的优先级决定在表达式中运算的先后顺序,例如表5.8中,优先级别高的乘除运算会优先于加减运算先执行。不同运算符具有特定的结合性,有的按照从左往右结合进行运算,有的按照从右向左结合进行运算。运算符在表达式中的执行顺序为:首先遵循优先级原则,优先级高的运算符先执行,在优先级同级的运算符之间遵守结合性原则。表5.8中列举了各种运算符的优先级和结合性。

表5.8　运算符的优先级和结合性

优先级	运算符	说　明	结合性
1	[]、()、.、,、;	分隔符	右到左
2	instanceof、++、--、!	对象归类、自增自减、逻辑非	左到右
3	*、/、%	算术乘、除、求余运算	左到右
4	+、-	算术加、减运算	左到右
5	>>、<<、>>>	位运算	左到右
6	>、>=、<、<=	大小关系运算	左到右
7	==、!=	相等关系运算	左到右

续表

优先级	运算符	说　明	结合性
8	&	按位与运算	左到右
9	^	按位异或运算	左到右
10	|	按位或运算	左到右
11	&&	逻辑与运算	左到右
12	||	逻辑或运算	左到右
13	?:	三目条件运算	左到右
14	=	赋值运算	右到左

在写表达式时,可使用括号符号来决定运算顺序。

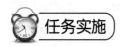 任务实施

任务情境5.1

为抗击新冠肺炎,医生连续作战了89小时,编程计算共多少天零多少小时?

引导问题1　使用哪个运算符可以求出天数和小时数?

_____

_____

_____

引导问题2　命名变量用于接收计算得到天数和小时数。

_____

_____

_____

任务情境调试记录可以记录在表5.9中。

表5.9　任务情境5.1调试记录

序　号	错误或异常描述	解决方案	备　注
1			
2			
3			
4			
5			

任务情境5.2

小明想定一份外卖,宫保鸡丁单点24元,西红柿蛋汤单点8元,米饭单点3元。商家的优惠方式如下:宫保鸡丁优惠价16元,订单满30元8折优惠,但是优惠价和折扣不能同时使用。那么小明要点这三样东西,最少要花多少钱?

引导问题1　如何求出两种不同购买方式的总价格?

_____

引导问题2 如何通过条件运算符判断更合算的购买方式和花费？

任务情境调试记录可以记录在表5.10中。

表5.10 任务情境5.2调试记录

序　号	错误或异常描述	解决方案	备　注
1			
2			
3			
4			
5			

评价与考核

课程名称:Java程序设计	授课地点:	
任务5:运算符和表达式	授课教师:	授课时数:
课程性质:理实一体	综合评分:	

知识掌握情况得分(35分)				
序号	知识点	教师评价	分值	得分
1	Java算术运算符		5	
2	Java比较运算符		5	
3	Java逻辑运算符		5	
4	Java赋值运算符		5	
5	Java条件运算符		5	
6	各种运算符的优先级和结合性		10	

工作任务完成情况得分(65分)				
序号	能力操作考核点	教师评价	分值	得分
1	掌握各种类型运算符的使用		25	
2	掌握运算符的优先级、结合性		25	
3	掌握使用运算符解决实际问题		15	

违纪扣分(20分)				
序号	违纪描述	教师评价	分值	扣分
1	迟到、早退		3	
2	旷课		5	
3	课上吃东西		3	
4	课上睡觉		3	

续表

| 5 | 课上玩手机 | | 3 | |
| 6 | 其他违纪行为 | | 3 | |

 **任务小结**

在本任务中,同学们学习了各种运算符的使用方法。在解决实际问题时,要能根据运算符的功能选择使用何种运算符,且在书写表达式时,要注意运算符的优先级和结合性,如果不能确定优先级的高低,可使用括号运算符来限定运算次序,以免产生错误的运算顺序。同学们在编写程序中,一定要养成严谨的习惯,对于不确定的知识务必要查阅相关资料,如果因为一个小小运算符造成程序运行错误,再去寻找错误原因将会浪费很多精力和时间。

 **任务测试**

选择题

1. 下列运算符中优先级最高的是(　　)。

    A. +=　　　　　　B. !　　　　　　C. *　　　　　　D. &&

2. 给一个boolean类型变量赋值时,可以使用(　　)。

    A. boolean flag = 0;

    B. boolean flag= "真";

    C. boolean flag== false;

    D. boolean flag= (9>=20);

3. 下列程序段执行后,k的结果是(　　)。

int a = 9,b = 11,k;

k = a!=b?a+b:a−b;

    A. −2　　　　　　B. 20　　　　　　C. 11　　　　　　D. 9

4. 阅读下列代码,运行结果是(　　)。

int a = 8;

System.out.print(a);

System.out.print(a++);

System.out.print(a);

    A. 888　　　　　　B. 889　　　　　　C. 899　　　　　　D. 898

5. 下面是method()方法的定义,该方法的返回类型是(　　)。

ReturnType methoe(double x,double y){

return (short)x/y*2;

}

A. byte   B. short   C. int   D. double

简答题

1. 列举常用的一元运算符和二元运算符。

2. Java中 && 和& 运算符的区别是什么?

程序设计题

1. 编写程序,把华氏温度80度转换为摄氏度,并以华氏度和摄氏度为单位分别显示该温度。

提示:摄氏度与华氏度的转换公式为:摄氏度 = 5/9.0*(华氏度–32)

2. 按照身高计算体重的公式:(身高–108)*2=体重,若测试者的体重在计算体重左右浮动10斤都可以认为是标准的。编写程序来计算测试者的体重是否标准。

任务6　流程控制

本章实验

在Java程序中,JVM默认是顺序执行以分号结束的语句。但是在解决实际问题时,程序经常需要做条件判断、循环,因此需要通过多种流程控制语句,来实现程序的跳转和循环等操作。流程控制语句用来控制程序中各语句的执行顺序,将多条语句组合成完成一定功能的逻辑模块。Java中使用顺序结构、分支结构、循环结构这3种基本结构来实现流程控制。

学习目标

(1)掌握if-else分支结构的用法;

(2)掌握switch-case分支结构的用法;

（3）掌握while循环结构的用法；

（4）掌握do-while循环结构的用法；

（5）掌握for循环结构的用法。

 知识准备

6.1　顺　序　结　构

顺序结构是程序中最简单最基本的流程控制，没有特定的语法结构，按照代码的先后顺序，从上到下一行一行依次执行，程序中大多数的代码都是这样执行的。顺序结构执行流程如图6.1所示。

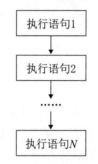

图6.1　顺序结构执行流程

6.2　分　支　结　构

分支结构可以让程序根据条件判断跳过某些语句，选择性地执行某段代码。

6.2.1　if单分支语句

语法：

if(条件表达式){

　　语句块；

}

在if语句中，条件表达式的值必须是boolean型的，if后面的语句可以是一条语句，也可以是多条语句组成的语句块。如果是一条语句，可以省略{}不写。但为了增强程序的可读性，即使执行语句只有一条，也可以用大括号括起来。if单分支语句格式的执行流程如图6.2所示。

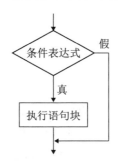

图 6.2　if 单分支结构执行流程

6.2.2　if-else 双分支语句

语法:

```
if(条件表达式){
    语句块 1;
}else{
    语句块 2;
}
```

if-else 双分支结构的执行流程如图 6.3 所示。如果条件表达式的值为 true,则执行语句块 1;如果表达式的值是 false,则执行 else 后面的语句块 2。同样,if 和 else 后的语句块如果只有一条语句,也最好写成复合语句形式,用大括号括起来。if-else 语句结构,根据需要可以嵌套使用。

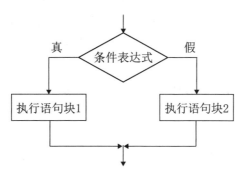

图 6.3　if-else 双分支结构执行流程

6.2.3　if 多分支结构

语法:

```
if(条件表达式 1){
    语句块 1;
}else if(条件表达式 2){
    语句块 2;
}
......
else if(条件表达式 N){
```

```
        语句块 N;
    }else{
        语句块 N+1
    }
```

if多分支结构可以用于多种可能性的判断。所有的条件表达式结果都是boolean类型。如果条件表达式1结果为true,则执行语句块1,否则去判断条件表达式2;如果条件表达式2结果为true,则执行语句块2,否则去判断条件表达式3;如果所有的条件表达式结果都为false,则执行语句块 N+1。else if 语句必须放到 else 语句前面,else 是可选的,根据需要可以省略,且它只能放到最后。if多分支结构的执行流程如图6.4所示。

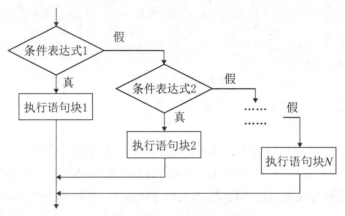

图6.4　if多分支结构执行流程

注意:这里的多个条件是互斥关系时,条件判断语句及执行语句顺序无所谓;当多个条件是非互斥关系时,需要根据实际情况,决定如何定义顺序;当多个条件是包含关系时,可以按照范围小的在上、范围大的在下的顺序。

【例程1】　编写程序,对学生总评成绩进行等级描述。

成绩在90分以上等级是优秀;

成绩在80—89分等级是良好;

成绩在70—79分等级是中等;

成绩在60—69分等级是一般;

成绩在60分以下等级是差。

使用单个if选择结构无法完成,使用多个if嵌套会很麻烦,所以可以采用这种多分支的选择结构。

```java
public class IfManyTest {
    public static void main(String[] args) {
        Scanner in = new Scanner(System.in);
        System.out.print("请输入学生成绩:");
        float score = in.nextFloat();
        if (score >= 90) {
            System.out.println("优秀");
```

```
        } else if (score >= 80) {
            System.out.println("良好");
        } else if (score >= 70) {
            System.out.println("中等");
        } else if (score >= 60) {
            System.out.println("一般");
        } else {
            System.out.println("差");
        }
    }
}
```

程序运行结果如图6.5所示。

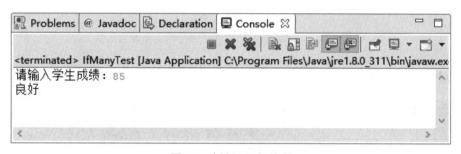

图6.5　例程1运行结果

6.2.4　嵌套if结构

有些多条件的判断情况是先根据某个条件进行第一次判断,符合第1个条件之后再进行第2个条件的判断,这种情况可以使用嵌套if结构。嵌套if分支结构执行流程如图6.6所示。

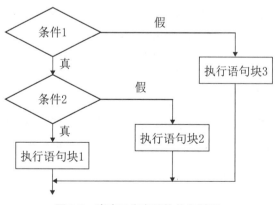

图6.6　嵌套if分支结构执行流程

【例程2】　学校举行技能竞赛,先进行基础知识成绩的比较,如果成绩在80分以上,再进行专业技能知识成绩的比较,如果在85分以上,可以进入决赛环节。编写程序,根据成绩判断是否进入决赛。

```
public class IFMultiTest {
    public static void main(String[] args) {
        int basicscore = 90;
        int majorscore = 87;
        if (basicscore >= 80) {
            if (majorscore >= 85) {
                System.out.println("恭喜你进入决赛！");
            } else {
                System.out.println("很遗憾你被淘汰！");
            }
        } else {
            System.out.println("很遗憾你被淘汰！");
        }
    }
}
```

程序运行结果如图6.7所示。

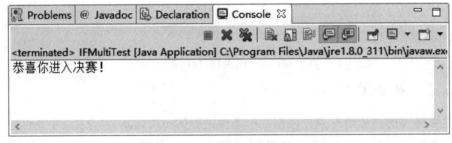

图6.7　例程2运行结果

在使用if嵌套结构时，为了使if结构更加清晰、避免执行错误，应该把每个if或else包含的代码块都用大括号括起来。编译器是不能根据书写格式来判定层次关系的，因此需要按照语句顺序确定层次关系，即从后向前找else，else会跟离它最近却没有配对的if组成一对。所以使用大括号能够明确if和else分支的关系。

6.2.5　switch分支语句

在处理多项选择问题，除了使用if-else多分支结构外，还可以使用switch语句来实现。switch语句是基于一个表达式条件来执行多个分支语句中的一个，switch语句也称为多分支的开关语句，它的一般格式定义如下：

```
switch(表达式){
    case 常量值1:
        语句块1;
        break;
    ......
```

```
    case 常量值N:
        语句块N;
        break;
    default:
        语句块N+1;
default;
    }
```

switch分支语句的表达式的值应该是一个byte、short、int、char类型的值。根据switch表达式中的值,依次匹配各个case中的常量。一旦匹配成功,则进入相应case结构中,调用其执行语句,然后执行break语句跳出switch语句。

case语句中不是必须要包含brcak语句的,如果没有break语句出现,则仍然继续向下执行其他case结构中的执行语句,直到遇到break关键字或switch-case结构末尾结束为止。

switch分支语句的default语句作为其他情况都不匹配时的出口。switch-case分支结构执行流程如图6.8所示。

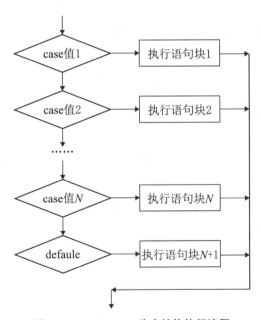

图6.8　switch-case分支结构执行流程

【例程3】　编写程序,为给定的年份找出其对应的中国生肖。中国的生肖基于12年一个周期,每年用一个动物代表。

```java
public class SwitchTest {
    public static void main(String[] args) {
        Scanner scanner = new Scanner(System.in);
        System.out.print("请输入需要查询的年份:");
        int num = scanner.nextInt() % 12;
        switch (num) {
```

```
        case 1:
            System.out.println("鸡年");    break;
        case 2:
            System.out.println("狗年");    break;
        case 3:
            System.out.println("猪年");    break;
        case 4:
            System.out.println("鼠年");    break;
        case 5:
            System.out.println("牛年");    break;
        case 6:
            System.out.println("虎年");    break;
        case 7:
            System.out.println("兔年");    break;
        case 8:
            System.out.println("龙年");    break;
        case 9:
            System.out.println("蛇年");    break;
        case 10:
            System.out.println("马年");    break;
        case 11:
            System.out.println("羊年");    break;
        case 12:
            System.out.println("猴年");    break;
        default:
            System.out.println("输入有误！ ");break;
        }
    }
}
```

程序运行结果如图6.9所示。

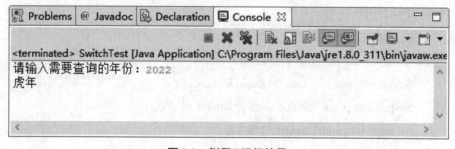

图6.9　例程3运行结果

6.3 循 环 结 构

顺序结构或分支结构的程序语句只能被执行一次。当程序中需要反复执行某段特定代码块时,可以使用循环结构来完成。循环结构的作用是在满足条件的情况下,反复执行一段代码,直到循环条件不满足为止。循环语句由如下四个部分组成。

(1) 初始化。进行循环前的准备工作,如对循环变量进行初始化。

(2) 循环的条件。维持循环应满足的条件,当循环条件不满足时,循环就结束。

(3) 循环变量迭代。对循环变量的控制,改变循环变量的值,使其向循环结束条件的方向变化。

(4) 循环体。反复执行的代码段。

循环结构的流程如图6.10所示。

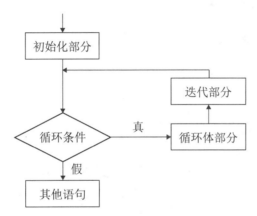

图6.10 循环结构流程图

循环结构语句有while循环、do-while循环和for循环。

6.3.1 while 循环

```
① 初始化部分
  while( ② 条件表达式){
      ③ 循环体部分;
      ④ 循环变量迭代部分;
  }
```

其中,条件表达式是循环的条件,该条件表达式的返回值类型必须是布尔型。只要条件表达式的结果是true,则一直执行循环体和循环变量迭代部分。while循环语句的执行流程如图6.11所示。

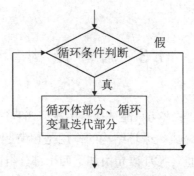

图6.11　while循环结构执行流程

执行while循环语句,首先判断是否满足循环的条件,只要满足,则执行循环体和循环变量控制,然后再去判断是否满足循环的条件……以此类推,直到条件不满足,结束整个循环。所以,循环变量的迭代部分不能缺少,否则循环将不能结束,变成死循环。

while循环是先判断再执行,如果一开始循环条件就不满足,则循环体一次也不执行。

6.3.2　do-while 循环

do-while循环的语法格式如下:

① 初始化部分

do{

  ③ 循环体部分;

  ④ 循环变量迭代部分;

}while(② 条件表达式);

其中,条件表达式是循环的条件,该条件表达式的返回值类型必须是布尔型。只要条件表达式的结果是true,则一直执行循环体和循环变量迭代部分。do-while循环语句的执行流程如图6.12所示。

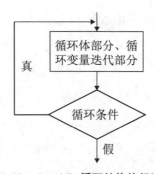

图6.12　do-while循环结构执行流程

6.3.3　for 循环

for循环语句的格式如下:

for(① 表达式1(初始化循环); ② 表达式2(循环条件); ④ 表达式3(循环变量迭代)){

  ③ 循环操作(循环体);

}

其中,表达式2是条件表达式,运算结果是布尔值,表示循环进行的条件。

for循环用于按照预定的循环次数执行循环语句的场合。

for循环执行时,首先执行初始化循环条件(表达式1),然后判断初始表达式值是否满足循环条件(表达式2),如果判断为true,则执行循环操作,最后执行循环变量的迭代(表达式3)。完成一次循环后,重新判断循环条件,直到循环条件不满足,结束整个循环。

表达式1、表达式2和表达式3都可以为空语句,但是分号不可以省略,三者都为空时,相当于一个无限循环。循环迭代部分也可以写在循环体内。for循环结构执行流程如图6.13所示。

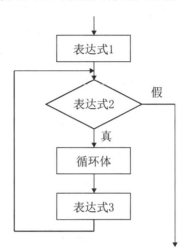

图6.13　for循环结构执行流程

初始化和迭代部分可以用逗号语句进行多个操作。例如:

for (i=1,j=20;i<=j;i++,j--){

……

}

注意,如果循环变量是在for循环语句中定义的,则变量的范围仅限于循环体内。例如

for (int i = 10;i>0;i--){

……

}

System.out.println(i);//变量i是在循环体内定义,超出作用范围,出错

【例程4】　用for循环结构求1+2+3+…+100的和。

```java
public class ForTest {
    public static void main(String[] args) {
        int sum = 0;
        //初始化循环变量、循环条件、循环变量控制
        for(int i = 1;i<=100;i++){
            sum += i; // 循环体
        }
        System.out.println("1+2+3+…+100=" + sum);
```

```
        }
    }
```

总结一下这三种循环语句的用法,在大多数情况下,while和do-while 都是在不能够确定执行多少次的情况下使用,而for循环则是知道最终的执行情况,即已知循环次数。

6.3.4　循环嵌套

将一个循环放在另一个循环体内,就形成了嵌套循环。被嵌入的循环又可以嵌套循环,可形成多重循环。以二层循环为例,被嵌入的循环是内循环,包含内循环的是外循环。for,while,do-while均可以作为外层循环或内层循环。在实际应用中,经常使用到多重循环。

实质上,嵌套循环就是把内层循环当成外层循环的循环体。当只有内层循环的循环条件为false时,才会完全跳出内层循环,结束外层的当次循环,开始下一次的外循环。

如果外层循环次数为m次,内层为n次,则内层循环体实际上需要执行$m*n$次。

【例程5】　编写程序,使用嵌套循环结构打印9*9乘法表。

```java
public class ForMultiTest {
    public static void main(String[] args) {
        int i, j;
        for (i = 1; i < 10; i++) {  //控制乘数(行数)
            for (j = 1; j <= i; j++) {  //控制被乘数(列数)
                System.out.print(j + "*" + i + "=" + (i * j));
                System.out.print("    ");
            }
            System.out.println();
        }
    }
}
```

程序运行结果如图6.14所示。

这里外层循环用来控制乘法表达式中的乘数,也就是乘法表的哪一行,内层循环用来控制乘法表达式中的被乘数,即乘法表中某一行中的第几个乘法表达式。

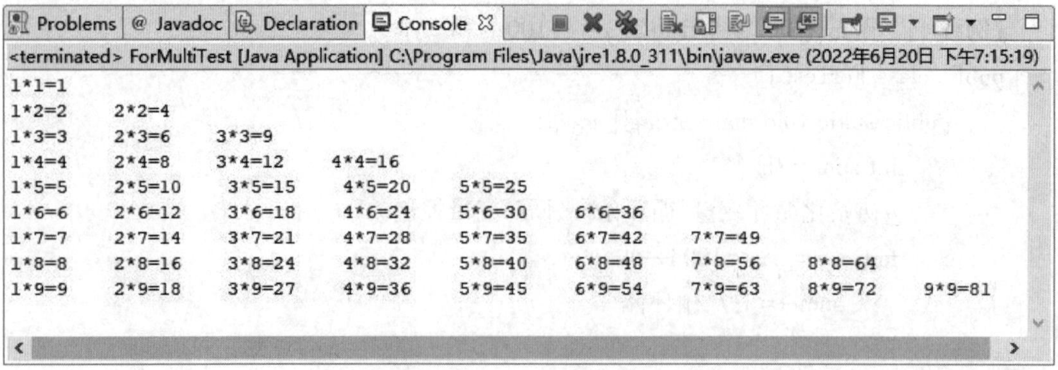

图6.14　例程5运行结果

6.4　跳转语句

跳转语句可以改变程序的执行流程,Java中有四种跳转语句:break、continue、return 和 throw。在分支结构和循环结构中有时需要提前继续或提前退出分支结构或循环结构, continuc 和 break 跳转语句就可以实现这一功能。

6.4.1　break 语句

在前面学习的switch分支语句中,用到break语句跳出当前的分支结构。在一个循环中,如果在某次循环体中执行了break语句,那么整个循环语句就结束了。语法如下:

循环(……){
　　……
　　break;
　　……

}

break语句通常在循环体中与条件语句一起使用,当满足一定条件时就可以跳出整个循环。注意:如果break语句用在单层循环结构中,其作用就是退出循环结构;如果break语句用在两重循环中,而break语句写在内层循环中,则只能退出内循环,进入外层循环的下一次循环,而不是直接退出外层循环。

【例程6】　编写程序打印输出100以内的素数。素数是只能被1和自己整除的数字。

```java
public class BreakTest {
    public static void main(String[] args) {
        int i, k;
        int n=1;
        for (i = 1;i<= 100;i++){//外层循环,用来表示2—100中的数字
            for(k = 2;k<i;k++){//内层循环,用来判断某个数字是否为素数
                if (i % k == 0) {
                    break;//当被整除时说明该数字不是素数跳出内层循环
                }
            }
            if (k == i) {
                System.out.println("第"+(n++)+"个素数:"+i);
            }
        }
    }
}
```

程序运行结果如图6.15所示。

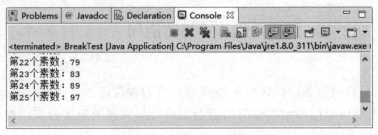

图6.15　例程6运行结果

6.4.2　continue 语句

continue 语句只能用在循环结构中,用于跳过其所在的本次循环体,继续下一次循环。如果是在多层嵌套循环的循环语句中,可以通过标签指明要跳过的是哪一层循环。语法如下:

```
循环(……){
    ……
    continue;
    ……
}
```

【例程7】　循环录入Java课的学生成绩,统计80分以上的学生比例。

```java
public class ContinueTest {
    public static void main(String args[]) {
        Scanner input = new Scanner(System.in);
        System.out.print("输入班级总人数:");
        int total = input.nextInt();
        int num = 0;    // 统计80分以上学生人数
        for (int i = 0; i < total; i++) {  // 循环输入学生成绩
            System.out.print("请输入第"+(i + 1)+"位学生的成绩:");
            int score = input.nextInt();
            if (score < 80) {  //小于80分的剔除
                continue;
            }
            num++;
        }
        System.out.println("80分以上的学生人数是: " + num);
        double rate = (double) num / total * 100;
        System.out.println("80分以上学生所占的比例为:"+rate+"%");
    }
}
```

程序运行结果如图6.16所示。

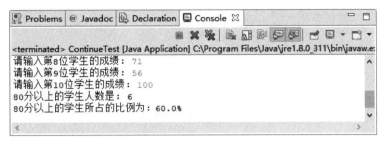

图6.16　例程7运行结果

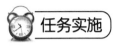任务实施

任务情境6.1

根据某城市普通出租车收费标准,编写程序计算车费。具体标准如下:

起步里程3公里,起步费10元;

超过起步里程后10公里内的,每公里2元;

超过10公里以上的部分加收50%的回空补贴费,即每公里3元。

引导问题1　分支结构应该分为几段? 如何确定分支结构的条件表达式?

_____

_____

引导问题2　按照收费标准,每个分支结构的计算表达式怎么表示?

_____

_____

任务情境调试记录可以记录在表6.1中。

表6.1　任务情境6.1调试记录

序　号	错误或异常描述	解决方案	备　注
1			
2			
3			
4			
5			

任务情境6.2

编写程序,实现猜数字游戏。游戏规则:系统自动生成一个100以内的随机整数,然后由用户输入一个数字进行猜测,如果输入数字比生成随机数大,则提示"猜大了";如果输入数字比生成随机数小,则提示"猜小了";如果猜对了,则提示"恭喜你猜对了!",程序结束,并记录猜测的次数。

引导问题1 如何生成一个随机整数?

_____

_____

引导问题2 循环结构的四要素部分该如何设置?

_____

_____

引导问题3 如果要求最多只能猜测7次,7次猜不中则退出游戏,应该如何修改程序?

_____

_____

_____

任务情境调试记录可以记录在表6.2中。

表6.2 任务情境6.2调试记录

序号	错误或异常描述	解决方案	备注
1			
2			
3			
4			
5			

评价与考核

课程名称:Java程序设计		授课地点:		
任务6:流程控制		授课教师:		授课时数:
课程性质:理实一体		综合评分:		
知识掌握情况得分(35分)				
序号	知识点	教师评价	分值	得分
1	if-else分支结构		5	
2	if多分支结构		5	
3	switch-case分支结构		5	
4	while循环结构		5	
5	do-while循环结构		5	
6	for循环结构		5	
7	跳转语句		5	
工作任务完成情况得分(65分)				
序号	能力操作考核点	教师评价	分值	得分

续表

序号		教师评价	分值	扣分
1	掌握各类分支结构的特点和使用方法		15	
2	正确使用各类分支语句解决问题		10	
3	掌握循环结构的四要素定义		15	
4	正确使用各类循环语句解决问题		10	
5	掌握分支结构与循环结构的嵌套使用		15	
违纪扣分（20分）				
序号	违纪描述	教师评价	分值	扣分
1	迟到、早退		3	
2	旷课		5	
3	课上吃东西		3	
4	课上睡觉		3	
5	课上玩手机		3	
6	其他违纪行为		3	

 任务小结

在本任务中，同学们学习了流程控制语句，掌握了各类分支结构语句、循环结构语句的使用方法，并使用它们去解决实际问题。程序通过条件表达式的判断，就可以有选择地执行语句或者重复循环执行语句。其实，在我们的成长道路上，也会面临各种各样的选择，小到日常的衣食住行，大到影响人生的道路走向。同样，影响我们的选择是"选择的条件"是什么。心中一定要有正确的选择标准，如当前，我们就应该选择努力学好专业，珍惜学习机会，用技能创造生活。

 任务测试

选择题

1. 下列语句序列执行后，x 的值是（　　）。

```java
int x=16;
do { x/=2;
} while( x > 3 );
```

　A. 16　　　　　　　　B. 8　　　　　　　　C. 4　　　　　　　　D. 2

2. 阅读下面 switch 语句，输出结果应该是（　　）。

```java
int a = 0;
    while(a<5){
```

```
            switch (a) {
            case 0:
            case 3:a=a+2;
            case 1:
            case 2:a=a+3;
            default:a=a+5;
            }
        }
System.out.println(a);
```

  A. 0   B. 5   C. 10   D. 其他

3. 下面有关for循环的描述,正确的是( )。

  A. for循环只能用于循环次数已经确定的情况

  B. 在for循环中,不能使用break语句跳出循环

  C. for循环是先执行循环体语句,再进行条件判断

  D. for循环的循环条件可以为空

4. 在下面的代码中,break语句的作用是( )。

```
for (int i = 0; i < 10; i++){
    if (i == 5) { break;}
}
```

  A. 退出if 程序块

  B. 退出此次循环,直接进入下一次循环

  C. 退出整个循环

  D. 退出整个函数

5. 以下程序中循环执行几次?( )

```
int a = 5;
int t = 5;
do{ t=a++;}while(t<=5);
```

  A. 一次都不执行

  B. 执行一次

  C. 执行两次

  D. 无限次执行

简答题

1. 请写出while与do-while的区别。

_____

_____

_____

_____

2. 循环语句的四要素是什么？分别代表什么含义？

3. 请写出跳转语句 break 和 continue 的区别。

程序设计题

1. 编写程序,判断给定的某个年份是否是闰年。闰年的判断规则:

(1) 若某个年份能被4整除但不能被100整除,则是闰年;

(2) 若某个年份能被400整除,则也是闰年。

2. 编写程序,实现输出 100 到 999 之间的水仙花数的功能。

提示:水仙花数的含义是指这样一个三位数,其各位数字的立方和等于该数本身,即 d1d2d3=d1*d1*d1+d2*d2*d2+d3*d3*d3。

则称该数 d1d2d3 是一个水仙花数。

3. 编写程序,模拟简单计算器的加减乘除运算。要求不断地从键盘输入两个操作数,并选择进行何种运算,直到输入结束的命令。

4. 我国古代数学家张丘建在《算经》一书中提出的数学问题:鸡翁一值钱五,鸡母一值钱三,鸡雏三值钱一。百钱买百鸡,问鸡翁、鸡母、鸡雏各几只? 试用循环语句解决这个问题。

任务7　数组和字符串

本章实验

Java 中数组和字符串是两种特殊的数据类型。数组可以同时存放多个数据类型相同的数据,字符串是由字符组成的序列,它们都可以使用创建对象的方式进行创建实例。数组和字符串在程序编写中使用频率高,是常用的数据类型,且 Java 提供了丰富的数组类和字符串类的操作方法,方便使用者在程序中直接调用,去解决更复杂的问题。本次任务介绍数组和字符串的创建和使用。

学习目标

（1）Java 数组的声明和创建；

（2）Java 数组的初始化；

（3）Java 数组元素的使用；

（4）Arrays 类的使用；

（5）String 类的常用方法；

（6）Stringbuffer 类的常用方法。

知识准备

7.1　数　　组

7.1.1　数组的概念

数组是相同类型数据的有序集合。数组描述的是相同类型的若干个数据，按照一定的先后次序排列组合而成。其中，每一个数据称作一个数组元素，每个数组元素可以通过一个下标来访问它们。根据构成形式，数组可分为一维数组、二维数组、三维数组……，从二维数组开始，可以都称之为多维数组。这里主要介绍一维数组和二维数组。

7.1.2　数组的声明

数组必须要先声明并初始化之后才能使用，数组中存储的是相同数据类型的元素，声明数组时要明确数组的数据类型，并按照标识符命名规则为数组变量命名。并且在使用数组之前，要确定数组元素的个数，系统才可以为它分配内存空间，数组的内存空间是连续的，由数组元素类型和数组长度决定。

1. 一维数组的声明

声明一维数组的语法格式：

数据类型[] 数组名；

或

数据类型 数组名[]；

例如：

int [] grade; //声明一个名称为 grade 的数组，数组元素类型为 int

String names [];//声明一个名称为 names 的数组，数组元素类型为 String

其中，数据类型既可以是基本数据类型，也可以是对象数据类型；[]为数组标识，有一个[]

表示是一个一维数组;数组名是一个合法标识符。两种声明格式都是正确的,但建议采用第一种方式。

数组在内存中是占据连续空间的,可根据数组中要存放的数组元素的个数分配内存空间,数组元素的个数即数组长度,应该为整型常量或表达式。使用new关键字为刚才声明的数组创建空间。

grade = new int[5];//为数组grade创建空间,数组长度为5

names = new Sting[3];//为数组names创建空间,数组长度为3

可以将声明语句与分配空间语句组合在一起,格式如下:

数据类型[] 数组名 = new 数据类型[数组长度];

例如:

int[] grade = new int[5];

String[] names = new String[3];

数组的长度是固定的,在创建时,一旦长度确定后,就不能修改。

2. 二维数组的声明

二维数组的声明与一维数组类似,但是要使用两个"[]"符号,声明二维数组的格式如下:

数据类型[][] 数组名;

创建二维数组的语法格式如下:

数组名 = new 数据类型[长度 m][长度 n];

或

数组名 = new 数据类型[长度 m][];//可以省略第二个长度

也可以用一条语句完成数组的声明和创建:

数据类型[][] 数组名 = new 数据类型[长度 m][长度 n];

例如:

int[][] arr = new int[3][4];

我们可以将二维数组看作一个矩阵,m表示矩阵的行数,n表示矩阵的列数,所以二维数组可以看作m行n列的矩阵。二维数组的长度是二维数组的元素个数,也就是$m*n$。如果将每一行看作一个整体,也可以把二维数组看作m个一维数组组成。因此,二维数组arr里有12个整型数据元素,可以看作3行4列的矩阵,或者是3个长度为4的一维数组组成的一维数组。

7.1.3 数组的初始化

创建数组后,数组就有了默认的初始值,即每个数组元素会自动被赋予其数据类型的默认值。如int型数组的默认初始值是0,boolean型的默认初始值是false等。通常情况下,我们需要对每一个数组元素进行重新赋值,也就是数组的初始化。

1. 一维数组的初始化

可以在声明和创建的同时给每个数组元素赋值,语法格式如下:

数据类型[] 数组名 = new 数据类型[] {值1,值2,…,值n};

也可以省略new,数据类型[] 数组名 = {值1,值2,…,值n};

int[] grade = {34,56,78,91,100};

使用这种方式初始化数组时,没有指定数组长度,系统会根据数据元素数目自动计算数组长度,并分配相应的内存空间。

2. 二维数组的初始化

二维数组的初始化与一维数组类似。把每一行的初始化值放在一对"{}"中,语法格式如下:

数据类型[][] 数组名 = {{},{},{},…};

例如:

int[3][4] arr = {{1,3,5,7},{2,4,6,8},{10,10,10,10}};

7.1.4 数组元素的引用

初始化数组之后,就可以使用数组元素了。通过数组名和数组元素的下标来引用一个数组元素,数组下标表示元素在数组中的位置,要使用int类型的数字或算术表达式。Java的所有数组下标都是从0开始,到"数组长度–1"结束。

1. 一维数组的数组元素引用格式:

数组名[下标];

例如:

grade[2]=30;

在初始化时,也可以直接对每个元素进行赋值。

例如:

grade[0]=34;

grade[1]=56;

grade[2]=78;

grade[3]=91;

grade[4]=100;

2. 二维数组的数组元素引用格式:

数组名[行下标][列下标];

例如:

arr[1][2]=112;

数组元素的第一个下标表示行号,第二个下标表示列号,两个下标都是从0开始。arr[0][0]表示矩阵中第一行第一个元素。

7.1.5 数组的长度

每个数组都有一个属性length表示它的长度,例如grade.length指明数组grade的长度,即元素个数。

二维数组的length表示的是矩阵的行数。

【例程1】　输出指定数组的长度。

```java
public class ArrayTest01 {
    public static void main(String[] args) {
        int[] arr4[] = {{1,2,3},{4,5,9,10},{6,7,8}};
        System.out.println("二维数组 arr 的长度是:"+arr4.length);
        System.out.println("一维数组 arr[0]的长度是:"+arr4[0].length);
        System.out.println("一维数组 arr[1]的长度是:"+arr4[1].length);
    }
}
```

程序运行结果如图7.1所示。

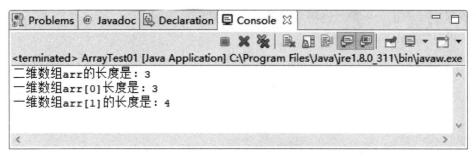

图7.1　例程1运行结果

arr是二维数组,arr.length表示数组的行数,前面说过二维数组是由多个一维数组组成的一维数组,arr[0]表示arr的第一行,是一个一维数组,它有三个数据元素。

7.1.6　数组的遍历

1. 一维数组的遍历

数据的遍历可以通过for循环,结合数组的下标序号来实现。

【例程2】　使用for循环完成数组元素的遍历。

```java
public class ArrayTest02 {
    public static void main(String[] args) {
        int[] grade = {90,75,80,73,89};
        for(int i = 0;i<grade.length;i++)
            System.out.println("第"+i+"个元素:"+grade[i]);
    }
}
```

程序运行结果如图7.2所示。

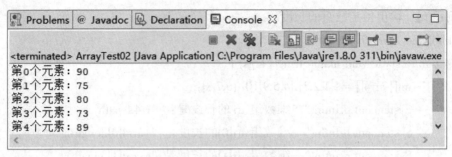

图7.2　例程2运行结果

还有一种增强型for循环形式：for-each循环，可以在不使用下标的情况下遍历数组。格式如下：

for(数组元素的类型　局部变量:数组对象)

【例程3】　对上面的数组遍历采用增强for循环形式遍历。

```java
public class ArrayTest03 {
    public static void main(String[] args) {
        int[] grade = {90,75,80,73,89};
        int i = 1;
        for (int k : grade) {
            System.out.println("第"+(i++)+"个元素："+k);
        }
    }
}
```

这里的k表示数组grade中的每个元素，可以按照顺序将所有元素打印出来。

2. 二维数组的遍历

二维数组的遍历需要使用两层for循环，外层for循环是对行进行遍历，内层for循环是对每一行里的数据元素进行遍历。二维数组中的每一行都是一维数组。

【例程4】　分别使用for循环嵌套和增强for循环嵌套遍历二维数组。

```java
public class ArrayTest04 {
    public static void main(String[] args) {
        // 声明二维数组并赋值 int arr[][] = {{},{},{}}
        int arr[][]={{1,2,3},{11,12,13,14},{22,33,44,55,66,77},{1}};
        // arr 是数组, arr[i] 还是数组
        for (int i = 0; i < arr.length; i++) {
            int erArr[] = arr[i]; // 二维数组里面的每个数组
            for (int j = 0; j < erArr.length; j++) {
                System.out.print(erArr[j] + "\t");
            }
            System.out.println();
        }
```

```
            System.out.println("----------------------");
            // 增强for循环遍历
            for (int erArr[] : arr) {
                for (int x : erArr) {
                    System.out.print(x + "\t");
                }
                System.out.println();
            }
        }
    }
```

本例中的二维数组每一行的数据元素个数是不一致的,所以应使用erArr.length获得每一行数组的长度。

程序运行结果如图7.3所示。

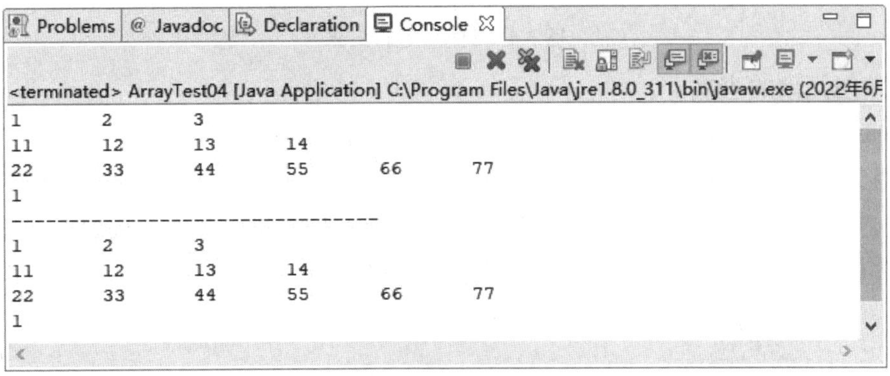

图7.3　例程4运行结果

7.1.7　Arrays 类

Java在java.util包中提供了Array类,方便数组进行一些常用操作。此类包含实现数组元素的查找、数组内容的填充、排序等方法。下面介绍一些常用的方法,在程序中调用这些方法必须要导入java.util.Arrays包。

1. 数组排序

public static void sort(数组)

该方法可以对指定的数组中的元素按照升序进行排序。

【例程5】　使用sort方法对grade数组中的成绩进行升序排序。

```
import java.util.Arrays;
public class ArraysTest01 {
    public static void main(String[] args) {
        int[] grade = { 81, 89, 96, 52, 77, 68, 100 };
        // 对数组进行排序
```

```
        Arrays.sort(grade);
        // 把数组的内容输出
        for (int i = 0; i < grade.length; i++)
            System.out.print(grade[i]+"\t");
    }
}
```

程序运行结果如图7.4所示。

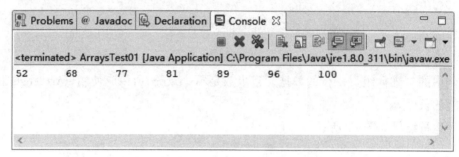

图7.4　例程5运行结果

2. 数组元素的查找

public static int binarySearch(数组,要查询的元素值)

使用二分查找法来查找指定数组,以获得指定的值。必须在进行此调用之前对数组进行排序(通过 sort(数组) 方法)。如果没有对数组进行排序,则结果是不确定的。如果查找的值包含在数组内,则返回该值在数组中的位置,否则返回-1。

【例程6】　使用二分查找方法查找数组中是否有100。

```java
import java.util.Arrays;
public class ArraysTest02 {
    public static void main(String[] args) {
        int[] grade = { 81, 89, 96, 52, 77, 68, 100 };
        // 对数组进行排序
        Arrays.sort(grade);
        // 查找 100
        int index = Arrays.binarySearch(grade, 100);
        if (index > 0) {
            System.out.println("查找到,在第" + index + "号位置");
        } else {
            System.out.println("未查找到");
        }
    }
}
```

程序运行结果如图7.5所示。

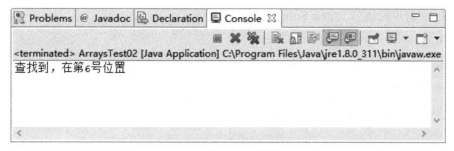

图7.5　例程6运行结果

3. 数组填充

public static void fill(数组,值)

将指定的值赋值给指定数组中的每一个元素。

例如：

int[] arr = new int[]{1,2,3,4};

Arrays.fill(arr, 10);//数组 arr 的四个元素值都赋值为10。

4. 比较两个数组

public static boolean equals(数组 arr1,数组 arr2)

如果两个指定数组彼此相等,则返回 true。这里的相等必须是两个数组包含相同数量的元素,并且两个数组中的所有相应元素对都是相等的。

7.2　字符串

7.2.1　创建字符串

字符串是由字符组成的序列。Java中的String类代表字符串,在程序中使用双引号" "定义字符串内容。字符串是常量,它们的值在创建之后不能更改。字符串类是一种特殊的对象类型数据,创建字符串的构造方法很多,下面介绍几种常见的创建方式。

方式一:直接声明字符串名,并将字符串内容直接赋值给该字符串,这是最常用最简单的方式。格式如下：

String 字符串名 = "字符串内容";

例如：

String str= "Hello";

方式二:使用声明对象的方式创建一个字符串对象,用new关键字进行构造。格式如下：

String 字符串对象名 = new String("字符串内容");

例如：

String str = new String("Hello");

方式三:通过给定一个字符数组构造字符串。格式如下：

String 字符串对象名 = new String(char[] value);

例如：

char[] array = {'H','e','l','l','o'};

String str = new String(array);

7.2.2 String 类的常用方法

1. 字符串的长度

字符串 String 的 length() 方法可以获得字符串的长度，即字符串中字符的个数。

例如：

String str = "hello java!";

int num = str.length();//num 的值应该是 11

2. 字符串的比较

两个字符串的比较不能直接使用"=="运算符来判断，"=="只能判断两个字符串是否为同一个对象，不能判断两个字符串里所包含的内容是否相同。

String 类的 equals() 方法可以比较两个字符串的内容是否相同，如果两个字符串的内容相同，则返回 true；如果不相同，则返回 false。另一种方法是 compareTo() 方法按字典顺序比较两个字符串的大小，返回值是整型值。

(1) public boolean equals(String str)

用于比较当前字符串与参数字符串 str 内容是否相同。

(2) public boolean equalsIgnoreCase(String str)

与 equals() 方法相同，都是比较字符串内容，不同的是，equalsIgnoreCase() 方法会忽略字符串中的字母大小写来进行比较。

(3) int compareTo(String str)

该方法会返回一个整型值，如果两个字符串相等，则返回 0；如果当前字符串大于参数字符串则返回正数；小于参数字符串，则返回负数。返回值是比较的两个字符串从左起第一对不相同字符在字典中的顺序差值。

【例程7】 字符串的比较方法。

```java
public class StringTest01 {
    public static void main(String[] args) {
        String str = "hello";
        //equal方法
        System.out.println(str.equals("hello"));
        System.out.println(str.equals("Hello"));
        //compareTo方法
        System.out.println("Java".compareTo("java"));
        System.out.println("java".compareTo("Java"));
        System.out.println("Java".compareTo("Java"));
```

```
System.out.println("Javac".compareTo("Javae"));
    }
}
```

程序运行结果如图7.6所示。

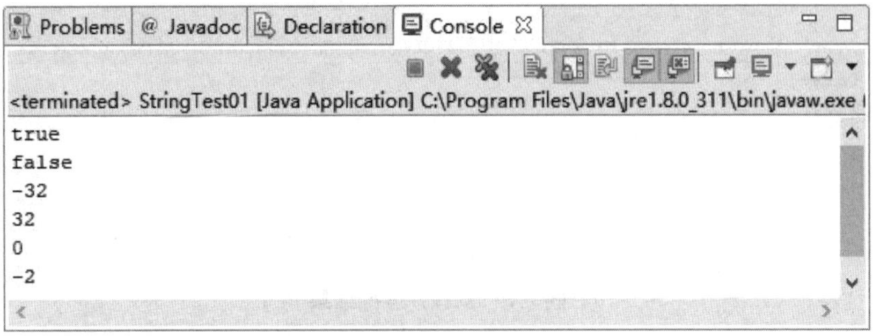

图7.6　例程7运行结果

3. 字符串连接

字符串连接可以使用"+"运算符连接,还可以使用concat()方法连接。

例如:

```
String str_1 = "Hello";
String str_2 = "Java";
String str_3 = str_1.concat(str_2);//str_3的值是"HelloJava"
```

4. 字符串查找

字符串查找分为两种:

(1) 查找字符串中是否包含指定的子串,使用方法如下:

```
boolean contains(String str)
```

在当前字符串中查找是否包含参数字符串str,存在返回true,不存在返回false。

(2) 查找子串在字符串中的索引位置,使用方法如下:

```
int indexOf(String str)
```

在当前字符串中从头开始查找指定的字符或字符串的位置,查到返回位置的开始索引,查不到返回−1,如果指定字符或字符串出现多次,只返回第一次出现的位置索引。

【例程8】　字符串的查找方法。

```
public class StringTest02 {
    public static void main(String[] args) {
        String str = "hello world";
        //查找是否包含指定子串
        System.out.println(str.contains("abc"));
        System.out.println(str.contains("world"));
        System.out.println(str.indexOf('l')); // 指定字符查找
        System.out.println(str.indexOf("world"));// 指定字符串查找
        System.out.println(str.indexOf("hi"));
```

```
    }
}
```

程序运行结果如图7.7所示。

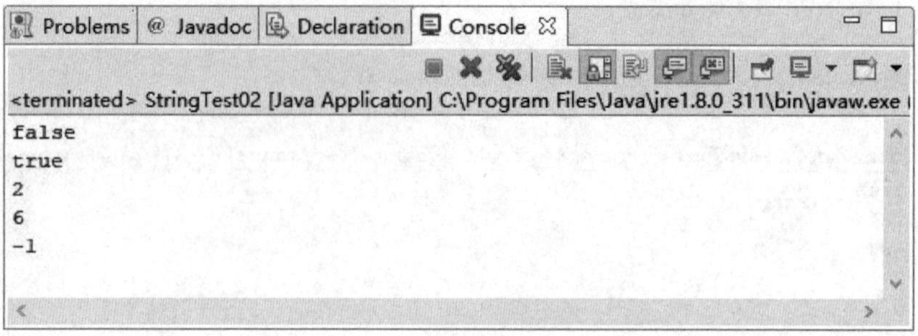

图7.7　例程8运行结果

5. 字符串替换

由于字符串是不可变对象,替换不修改当前字符串,而是产生一个新的字符串。需要注意的是,由于替换字符串是创建一个新的字符串对象并返回,所以替换时一般拿要替换的字符串变量来接收返回的String对象。

String replace(String targetstr, String replacestr);

在当前字符串中,使用一个字符/字符串替换另一个字符/字符串,targetstr参数为待替换的字符串,replacestr参数为要替换的字符串,支持参数为字符。

例如:

String str = "hello world";

str = str.replace("l","-");

System.out.println(str);

运行结果:

he--o wor-d

6. 字符串截取

String substring(int beginIndex);

截取当前字符串中的beginIndex位置开始直到最后的子串,并返回一个新的字符串对象。位置是从0开始。

String substring(int beginIndex, int endIndex);

从一个完整的字符串之中截取当前字符串beginIndex位置开始到endIndex位置结束的子串,但不包括endIndex处对应的字符。位置是从0开始。

例如:

String str = "everything";

String substr1 = str.substring(5);//substr1的值是"thing"

String substr2 = str.substring(5,7);//substr2的值是"th"

7. 字符串的其他方法

int length();

返回当前字符串的长度

char charAt(int index);

返回字符串指定索引位置的字符,索引取值范围为0到length()-1。

String[] split(String regex, int limit);

将当前字符串按照指定的分隔符regex划分成若干个子字符串,并返回字符串数组。

public String toUpperCase();

将当前字符串中的全部字符转换成大写字符串,并返回转换后的字符串。

public String toLowerCase();

将当前字符串中的全部字符转换成小写字符串,并返回转换后的字符串。

7.2.3 StringBuffer 类

Java中的字符串对象初始化之后,其值和所分配的内存就不能改变,我们称这样的对象是不可变对象。若对字符串做连接操作,会在内存中产生多个临时字符串对象。例如:

String str = "hello";

str = str+"java";

System.out.println(str);

进行连接操作后,产生新的字符串对象为"hellojava",再将此字符串对象的地址赋给变量str,但字符串实例"hello"会一直在内存中。因为字符串的不可改变性,不仅产生很多临时字符串占用内存,还影响了字符串的操作效率。因此,Java提供了StringBuffer类,用于创建可变字符串,可以通过追加、移除、替换和插入字符操作来修改它。

1. StringBuffer 的构造方法

(1) StringBuffer();

创建一个空的StringBuffer对象,分配给该对象的初始容量可以容纳16个字符。String-Buffer对象可以通过length()方法获取实体中存放的字符序列的长度,通过capacity()方法获取当前实体的实际容量。

(2) StringBuffer(int capcity);

创建一个指定长度为capcity的StringBuffer对象。

(3) StringBuffer(String s);

创建一个内容为参数字符串s的StringBuffer对象。

例如:

StringBuffer str1=new StringBuffer();

StringBuffer str2=new StringBuffer(10);

StringBuffer str3=new StringBuffer("大家好");

2. StringBuffer 类的常用方法

(1) 字符追加

public StringBuffer append(String str);

将指定字符串s连接到当前StringBuffer对象的内容后面,并返回连接后的对象。类似于String类使用连接符"+"一样,但是不会产生临时对象。

(2) 插入字符

StringBuffer insert(int offset , String str);

将指定字符串str插入到当前StringBuffer对象的offset位置处。参数offset必须大于或等于0,小于或等于StringBuffer的长度。

(3) 删除字符

StringBuffer delete(int start , int end);

删除当前StringBuffer对象中从start位置开始到end−1位置的字符。

(4) 转换字符串

String toString();

将StringBuffer对象中保存的所有字符构造一个String对象并返回。

(5) 反转字符串

StringBuffer reverse();

将当前StringBuffer对象的字符串值反转,即字符序列反向。执行此方法后,StringBuffer对象就被字符序列反向的字符串替换了。

【例程9】 StringBuffer类常用方法的使用。

```java
public class StringBufferTest01 {
    public static void main(String[] args) {
        StringBuffer sb1=new StringBuffer("abcd");
        StringBuffer sb2=new StringBuffer("1234");
        sb1.append(sb2);
        System.out.println("sb1="+sb1+",sb2="+sb2);
        sb1.insert(4, "**");
        System.out.println("sb1="+sb1+",sb2="+sb2);
        sb1.deleteCharAt(3);
        System.out.println("sb1="+sb1+",sb2="+sb2);
        sb1.reverse();
        System.out.println("sb1="+sb1+",sb2="+sb2);
    }
}
```

程序运行结果如图7.8所示。

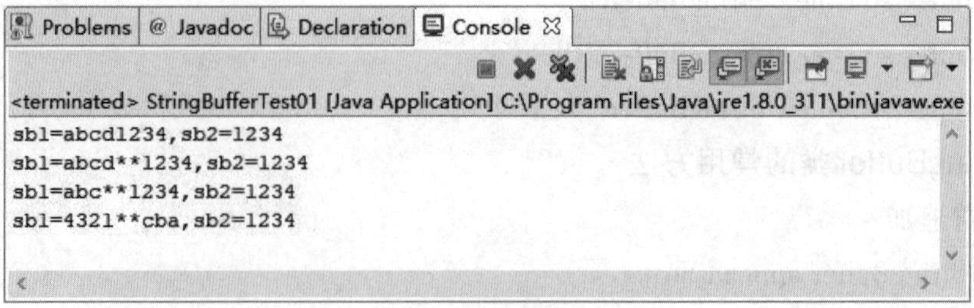

```
 Problems  @ Javadoc  Declaration  Console ☒

<terminated> StringBufferTest01 [Java Application] C:\Program Files\Java\jre1.8.0_311\bin\javaw.exe
sb1=abcd1234,sb2=1234
sb1=abcd**1234,sb2=1234
sb1=abc**1234,sb2=1234
sb1=4321**cba,sb2=1234
```

图7.8 例程9运行结果

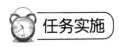 **任务实施**

任务情境7.1

编写程序,定义一个二维数组,存储每个学生的语文、数学、英语、专业综合成绩,找到每门课程的最好成绩存储到一维数组中并输出。

引导问题1 如何定义二维数组?二维数组的行和列应该分别表示什么内容?

_____

_____

引导问题2 如何遍历二维数组,求出每门课的最好成绩,并存在一维数组中?

_____

_____

任务情境调试记录可以记录在表7.1中。

表7.1 任务情境7.1调试记录

序号	错误或异常描述	解决方案	备注
1			
2			
3			
4			
5			

任务情境7.2

编写程序,录入顾客的18位身份证号,输出顾客的生日,如1990年9月9日。

引导问题1 身份证号保存在哪种数据类型中?

_____

_____

引导问题2 如何提取年、月、日?

_____

_____

引导问题3 按照生日的输出格式,应该如何连接字符串?

_____

_____

任务情境调试记录可以记录在表7.2中。

表7.2 任务情境7.2调试记录

序号	错误或异常描述	解决方案	备注
1			
2			
3			
4			
5			

评价与考核

课程名称:Java程序设计	授课地点:	
任务7:数组与字符串	授课教师:	授课时数:
课程性质:理实一体	综合评分:	

知识掌握情况得分(35分)

序号	知识点	教师评价	分值	得分
1	Java数组的声明和创建		5	
2	Java数组的初始化		5	
3	Java数组元素的使用		5	
4	Arrays类的使用		5	
5	String类常用方法的使用		10	
6	Stringbuffer类常用方法的使用		5	

工作任务完成情况得分(65分)

序号	能力操作考核点	教师评价	分值	得分
1	正确定义与使用数组		20	
2	掌握Arrays类的常用方法		15	
3	掌握字符串String的常用方法		15	
4	掌握字符串StringBuffer的常用方法		15	

违纪扣分(20分)

序号	违纪描述	教师评价	分值	扣分
1	迟到、早退		3	
2	旷课		5	
3	课上吃东西		3	
4	课上睡觉		3	
5	课上玩手机		3	
6	其他违纪行为		3	

任务小结

在本任务中,同学们学习了数组和字符串的创建和使用。不论是一维数组还是二维数组,从本质上讲都是计算机在处理实际应用问题中的数据时,将具有共同属性的数据统一打包,使用相同的方式进行批量处理的手段而已。大家在数据处理时,会根据问题汇总一批具有相同属性的数据,使用数组进行处理。在实际生活中,大家同样可以发现这种"类聚""群分"的现象。有人曾总结出这样一种理论:只有同级能量的人才能相互识别,只有同级能量的人才会相互欣赏,只有同级能量的人才能成为知己好友。你想要什么样的好朋友,你得先活成什么样的人。这就是所谓"同级能量汇聚理论"。

字符串广泛应用在Java编程中,注意String和StringBuffer的区别。简单来说,这两个类可以看作变量和常量的关系。StringBuffer对象的内容可以修改;而String对象一旦产生后就不可以被修改,重新赋值其实是两个对象。所以在实际使用时,要根据具体问题做合适的选择。如果经常需要对一个字符串进行修改,例如插入、删除等操作,使用StringBuffer要更加适合一些。

任务测试

选择题

1. 下列说法中,正确的是(　　　)。

　　A. 字符串长度可以通过String对象的length( )属性获得

　　B. 字符串长度可以通过String对象的length属性获得

　　C. 数组长度可以通过数组变量的length属性获得

　　D. 数组长度可以通过数组变量的length( )方法获得

2. 以下数组初始化形式正确的是(　　　)。

　　A. int arr1[][]={{1,2,9},{3,4,7},{5,6,8}};

　　B. int arr2[][]={1,2,9,3,4,9,5,6,8};

　　C. int arr3[3][2]={1,2,9,3,4,9,5,6,8};

　　D. int arr4[][]; arr4={1,2,9,3,4,9,5,6,8};

3. 通过下面哪种方式能判断两个数组是否相等?(　　　)

　　A. 用"="进行判断

　　B. 用方法 Arrays.equals()

　　C. 用"=="进行判断

　　D. 用 fill 方法

4. 定义了一维整型数组a[10]后,下面错误的引用是(　　　)。

　　A. a[0]=10;

　　B. a[10]=20;

  C. a[0]=6*2;

  D. a[1]=a[2]*a[0];

5. 阅读如下代码片段,以下哪个选项的值为false? (　　)

String s1 = "Hello";

String s2= "Hello";

String s3 = new String("Hello");

  A. s1 == s3;   B. s1 == s2;

  C. s1.equals(s2);   D. s1.equals("Hello");

6. 阅读如下代码,最后输出语句应该输出(　　)。

String str1 = new String("computerapplications");

String str2="network";

String s = (str1.substring(8)).concat(str2.substring(3,7));

System.out.println(s);

  A. awork   B. applicationswork

  C. applicationswor   D. appwork

简答题

1. 数组在内存中占据连续的存储空间,二维数组应该怎么存储数组元素?

2. String s1 = new String("abc");这条语句在内存中创建了几个对象?

3. String 对象和StringBuffer 对象有什么区别?

程序设计题

1. 从键盘输入数组元素,然后将该数组逆序输出。

2. 已知一个已排好序(升序)的数组,输入一个数,要求按原来排序的规律将它插入数组中。

3. 编写程序,输入学生的身份证号,根据身份证号倒数第二位数,判断此身份证号的人是男生还是女生。

4. 编写程序,输入形式为:First Middle Last 的人名,以 Last,First .M 的形式打印出来。其中 .M 是中间单词的首字母。例如输入"Robin Van Persie",输出形式为:"Persie, Robin.V"。

项目3　面向对象基础

本项目主要介绍面向对象的相关概念和特性,帮助大家建立面向对象程序设计的思想,养成面向对象程序设计的习惯。

◇ 任务8　面向对象的相关概念
◇ 任务9　封装
◇ 任务10　继承
◇ 任务11　多态
◇ 任务12　最终类、抽象类与接口

任务8 面向对象的相关概念

本章实验

面向对象的编程思想将客观世界中的事物描述为对象,并通过抽象思维方法将要解决的实际问题分解为人们易于理解的对象模型来构建应用程序,从而开发出能够反映现实世界某个特定场景的应用系统。本任务将介绍Java面向对象编程的基础。

学习目标

(1) 掌握类与对象的概念;
(2) 掌握类的构成;
(3) 掌握类成员的访问修饰符;
(4) 能够创建和使用对象;
(5) 掌握this关键字的用法。

知识准备

8.1 类与对象的概念

8.1.1 对象

对象是客观世界的存在,比如正在看书的你,是现实世界的一个人,所以你就是一个对象。《Java程序设计》这本书,我们在书店能买得到,它是存在的,是一个对象。比亚迪汉EV这款车4S店有售,也是客观的存在,它也是一个对象。

8.1.2 类

类是从日常生活中抽象出来的具有共同特征的实体,具有一类事物的共性。

Java的类可以分为系统类和用户自定义的类。系统类是由Java的设计者定义的,按照功能的不同组织在一起形成的核心类库。用户自定义的类是由程序员自定义的类。例如我们自定义的表示人的Human类,必须定义后才能使用。在进行标准输出时用到的System类是系统类,可以不需要定义直接使用。

8.1.3　类与对象的关系

类是对对象的抽象描述,是创建对象的模板,对象是类的实例。对象与类的关系就像基本变量与基本数据类型的关系一样。换句话说,可以将类看成数据类型,对象看成这种类型的变量,我们可以用数据类型去定义变量,也可以用类去定义对象。类与对象的关系如图8.1所示。

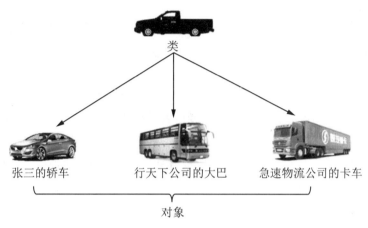

图8.1　类与对象的关系

8.2　类的构成

8.2.1　类的结构

类包括属性和方法两部分。属性是描述某类的静态特征的数据项,方法是描述某类的动态特征的行为。例如人,有姓名、性别、年龄、身高等可以表示其静态特征的字段,这些称为属性。同时人还会踢球和学习,踢球、学习是一种动态的行为特征,表示人能做什么、会做什么,这一部分称为方法,也称为函数。类是Java程序最基本的组织单元,一个程序中至少有一个类文件。

类的结构如下:

```
[类的修饰符] calss 类名{
    //定义属性部分
    属性类型 属性名;
        ……
    //定义构造方法部分
    public 类名([参数列表]){
        ……
```

```
}
        //定义成员方法部分
        方法1
        方法2
            ……
}
```

类名是一个名词,采用大小写字母混合的方式,每个单词的首字母大写,类名尽量使用完整单词,避免自定义的缩写,做到见名知意。

8.2.2　属性

属性是变量。它们可以是基本类型或者对象的引用。例如,我们可以定义一个字符串类型的对象name表示人的姓名;定义一个字符型的变量sex表示人的性别;用整型变量age表示年龄;用一个单精度浮点变量height表示身高;用一个表示地址的类Address声明一个对象addr保存家庭住址。

表示Man类的部分属性如下:

```
String name     //姓名
char sex         //性别
int age          //年龄
float height     //身高
Address addr     //地址
```

属性名一般采用名词或形容词加名词的组合,符合"骆驼"命名惯例,用大小写体现出驼峰的高低起伏。属性名中除第一个单词外其他单词首字母大写。例如:maxAge、avgDegree。

8.2.3　方法

方法是定义一个类的对象(或实例)能够执行的一个动作。方法有一个声明部分和一个主体。就拿踢球这样一个行为为例,将其定义成方法,如图8.2所示。

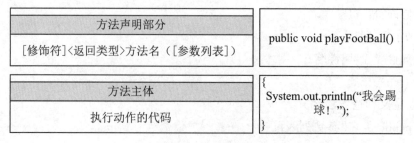

方法声明部分	public void playFootBall()
[修饰符]<返回类型>方法名([参数列表])	

方法主体	{
	System.out.println("我会踢球!");
	}

执行动作的代码	

图8.2　方法的构成

方法的声明部分应包括方法的修饰符、返回值的类型、方法名和方法的参数列表。其中方法的修饰符、参数列表写在方括号里表示它是可选项,可以没有。方法的主体就是方法体、函数体,用一对大括号括起来,里面放上方法执行的流程。

按照这个过程,我们定义一个踢球的方法 playFootBall,这个方法没有参数,所以参数列表为空,返回为空,所以为 void。方法的访问修饰符为 public,表示该方法是公共方法。方法体里只有一条语句,就是做一个简单的输出。

知识拓展

给方法命名的时候一般采用动词或动词加名词的组合,也应符合"骆驼"命名惯例。方法名中除第一个单词外其他单词首字母大写,例如:playFootBall、study。

8.2.4 构造方法

类中还有一类特殊的方法称为构造方法或构造函数、构造器,它的作用就是专门初始化对象,给实例化对象的成员赋变量,也就是属性赋初值,如图 8.3 所示。

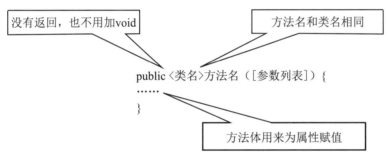

图 8.3 构造方法的构成

构造方法的构成比较特殊,首先构造方法只用来完成对象的初始化及成员的赋值,所以没有返回,同时也不用加 void。其次构造方法的方法名和类名完全一样,如果定义的构造方法需要通过形参来给成员变量赋值,这时将形参的定义放入参数列表中,如果不需要形参赋值,则参数列表为空。最后构造方法的方法体里都是为属性赋值的语句。

知识拓展

在定义类时可以不去定义构造方法。如果类中没有定义构造方法,Java 编译器会为其添加一个无参的构造方法且该方法只能用于对象的创建,不能为属性赋值。如果类中定义了构造方法,编译器则不会再给类添加构造方法了。

8.3 类成员的访问修饰符

类成员(属性、方法、构造方法等)可以具备 4 种访问控制级别之一:public、protected、private 和默认访问级别。类成员访问修饰符的作用范围如表 8.1 所示。

表8.1　类成员访问修饰符的作用范围

访问修饰符	本　类	本类所在的包	其他包中本类子类	其他包中非子类
public	能访问	能访问	能访问	能访问
protected	能访问	能访问	能访问	不能
private	能访问	不能	不能	不能
默认	能访问	能访问	不能	不能

public　修饰符修饰的成员本类能访问,本类所在的包能访问,其他包中本类的子类能访问,其他包中的非子类能访问,因为public表示公共的,是完全开放的。

protected　修饰符修饰的成员本类能访问,本类所在的包能访问,其他包中本类的子类能访问,其他包中的非子类不能访问,因为protected表示的含义是受保护的。

private　修饰符修饰的成员本类能访问,本类所在的包不能访问,其他包中本类的子类不能访问,其他包中的非子类不能访问,因为private表示的含义是私有的,别人都是不能用的。

默认　就是什么都不加,此时成员本类能访问,本类所在的包能访问,其他包中本类的子类不能访问,其他包中的非子类不能访问。

【例程1】　定义一个表示人的Man类,包含身份证号、姓名、性别、年龄、身高5个属性,定义一个构造方法给5个属性赋值,定义两个成员方法"踢球"和"学习"。

```java
public class Man {
    //定义属性部分
    private String id;
    String name;
    char sex;
    int age;
    float height;

    //构造方法
    public Man(String name, char sex, int age, float height, String id) {
        this.id = id;
        this.name = name;
        this.sex = sex;
        this.age = age;
        this.height = height;

    }
    //成员方法—踢球
    public void playFootBall() {
        System.out.println("我会踢球!! ");
```

```
    }
    //成员方法—学习
    public double study(double d) {
        double degree = d;
        return degree;
    }
}
```

上述代码定义了一个 Man 类,包括5个属性,分别是字符串类型的姓名、字符型的性别、整型的年龄、浮点型的身高、字符串类型的身份证号,其中身份证号属性用 private 修饰。

定义一个构造方法,方法名和类名相同,5个形参分别为5个属性赋值。其中赋值表达式中赋值号右侧的变量是形参变量,左侧的变量是成员变量,虽然同名,但不冲突。

接下来再定义一个踢球的成员方法 playFootBall,该方法的访问修饰符是 public,返回为 void,没有形参,方法体中做了一个会踢球的输出。

最后再定义一个成员方法 study,该方法访问修饰符为 public,返回为 double,有一个 double 形参,函数体中将形参 d 赋给局部变量 degree,最后通过 return 语句返回得到分数 degree。

8.4　创建和使用对象

8.4.1　对象的创建

Java 中的类是一个抽象的概念,不能直接使用,需要将类实例化为对象,通过对象来使用类的功能。在创建对象时要使用构造方法完成对象的初始化。

例如,我们可以使用刚创建的 Man 类创建一个 jobs 对象,如果 Man 类中没有定义构造函数,我们可以调用由 Java 编译系统自动添加的不带参构造完成 jobs 对象的初始化。

Man jobs= new Man();　//使用不带参的构造创建一个空对象 jobs

如果 Man 类中定义了构造函数,我们可以调用带参的构造,传递实参来完成 faye 对象的初始化。

Man faye= new Man("010236","faye",'男',30,174.5);　//使用带参的构造完成对象 faye 的创建并实现对象成员变量的初始化

8.4.2　对象的使用

类由属性加方法构成,对象是类的实例,使用对象主要是使用对象的属性和方法。使用属性时可使用对象名.属性名的方式来进行。

jobs.age=60;　//使用 jobs.age=60 来实现对 jobs 对象的 age 属性的赋值

System.out.println(jobs.age);　//通过 jobs.age 完成获取 jobs 对象的 age 属性值并打印输出

使用方法可使用对象名.方法名([参数列表])的形式来使用。

faye.playFootBall();

faye.study(96);

使用faye.playFootBall()完成对playFootBall方法的调用,由于该方法没有参数,所以不需要传递参数。通过faye.study(96)的方式完成study方法的调用,由于study方法在定义时给了一个形参,所以调用时应传递一个实参96。

8.4.3 静态属性和静态方法的使用

在类定义的过程中,如果使用了static关键字修饰了某个属性或方法,这样的属性和方法称为静态属性、静态方法。它们的特点是可以不创建对象,直接通过类名访问。

【例程2】 定义一个表示人的Man类,包含身份证号、姓名、性别、年龄、身高5个属性,其中身份证号id声明为静态属性,定义一个静态方法"踢球"。

```
public class Man {
    static String id;   //静态属性id
    String name;
    char sex;
    int age;
    float height;

    //静态成员方法——踢球
    public static void playFootBall() {
        System.out.println("我会踢球!!");
    }
}
```

在定义Man类时,id属性前加了static修饰,这时id就是静态属性了,当需要使用这个属性时,不需要再将Man创建为对象,通过对象名来引用该属性了,可以直接通过Man.id的形式使用。

Man.id="019080236"; //直接通过类名引用静态属性id

同样在定义方法时,在方法的返回类型前加上static修饰,这样的方法为静态方法,也称为类方法,可以直接通过类名引用该方法。

Man.playFootBall(); //直接通过类名引用静态方法playFootBall

知识拓展

静态成员最主要的特点是它不属于任何一个类的对象,它不保存在任意一个对象的内存空间中,而是保存在类的公共区域中,所以任何一个对象都可以直接访问该类的静态成员,都能获得它的数据值。修改时,也在类的公共区域进行修改。但是这里并不是说静态属性或静态方法一定就不能用对象的方式来使用了;相反是可以的,只不过直接用类名来使用更方便一些。

8.5 this 关键字的用法

this 关键字表示当前类的所有对象,我们可以把它看作一个代词。在现实世界中,可以用你、我、他(它)、你们、我们、他(它)们来表示我们身边的人或事物。同样在面向对象编程过程中,我们也可以用 this 来表示当前类的所有对象。

this 关键字必须放在非静态方法里面使用,其主要作用包括引用成员变量、在自身构造方法内部引用其他构造方法、代表自身类的对象、引用成员方法。

8.5.1 引用成员变量

在一个类的方法或构造方法内部,可以使用"this.成员变量名"这样的格式来引用成员变量名,有些时候可以省略,有些时候不能省略。

```
public class Man {
String name;
    int age;
public Man(String name,int age)
    {
            this.name = name;  //使用this引用成员变量
            this.age = age;
    }
}
```

在该代码的构造方法中,使用 this.name、this.age 引用类的成员变量。因为在构造方法 Man 的内部,包含 2 组变量名为 name 和 age 的变量,一组是形参变量 name 和 age,另外一组是成员变量 name 和 age。按照 Java 语言的变量作用范围规定,参数 name 和 age 的作用范围为构造方法内部,成员变量 name 和 age 的作用范围是类的内部,这样在构造方法内部就存在了变量 name 和 age 的冲突,Java 语言规定当变量作用范围重叠时,作用域小的变量覆盖作用域大的变量。所以在构造方法内部,参数 a 起作用。这样需要访问成员变量 a 则必须使用 this 进行引用。当然,如果变量名不发生重叠,则 this 可以省略。但是为了增强代码的可读性,一般将参数的名称和成员变量的名称保持一致,所以 this 的使用频率在规范的代码内部应该很多。

8.5.2 引用构造方法

在一个类的构造方法内部,也可以使用 this 关键字引用其他的构造方法,这样可以降低代码的重复,也可以使所有的构造方法保持统一,这样方便以后的代码修改和维护,也方便代码的阅读。

```
public class ReferenceConstructor {
```

```
    int a;
public ReferenceConstructor(){
    this(0);
}
public ReferenceConstructor(int a){
    this.a = a;
}
}
```

这里在不带参数的构造方法内部,使用this调用了另外一个构造方法,其中0是根据需要传递的参数的值,当一个类内部的构造方法比较多时,可以只书写一个构造方法的内部功能代码,然后其他的构造方法都通过调用该构造方法实现,这样既保证了所有的构造是统一的,也降低了代码的重复。

在实际使用时,需要注意的是,在构造方法内部使用this关键字调用其他的构造方法时,调用的代码只能出现在构造方法内部的第一行可执行代码。这样,在构造方法内部使用this关键字调用构造方法最多会出现一次。

8.5.3 代表自身对象

在一个类的内部,也可以使用this代表自身类的对象,或者换句话说,每个类内部都有一个隐含的成员变量,该成员变量的类型是该类的类型,该成员变量的名称是this。

```
public class ReferenceObject {
ReferenceObject instance;
public ReferenceObject(){
    instance = this;
}
public void test(){
    System.out.println(this);
}
}
```

在构造方法内部,将对象this的值赋值给instance,在test方法内部,输出对象this的内容,这里的this都代表自身类型的对象。

8.5.4 引用成员方法

在一个类的内部,成员方法之间互相调用时,也可以使用"this.方法名(参数)"来进行引用,只是所有这样的引用中this都可以省略,所以这里就不详细介绍了。

8.6　面向对象与面向过程的区别

　　无论是面向对象还是面向过程的程序设计语言,其最终的目的都是用来解决实际问题,但是解决问题的过程是有区别的。面向过程是分析出解决问题所需要的步骤,然后用函数把这些步骤一步一步地实现,使用的时候依次调用就可以了;面向对象是把构成问题的事务分解成各个对象,建立对象不是为了完成一个步骤,而是为了描叙某个事物在整个解决问题的步骤中的行为。

　　用生活中下五子棋的过程来理解面向过程与面向对象。面向过程的设计思路就是首先分析问题的步骤:① 开始游戏;② 黑子先走;③ 棋盘重绘;④ 判断输赢;⑤ 轮到白子;⑥ 棋盘重绘;⑦ 判断输赢;⑧ 返回步骤②;⑨ 输出最后结果。把上面每个步骤用不同的函数来实现。

　　如果用面向对象的设计思路来解决问题,那么整个五子棋可以分为:① 玩家对象,黑白双方的行为是一模一样的;② 棋盘系统,负责绘制图形交互界面;③ 规则系统,负责判定犯规、输赢等。第一类对象(玩家对象)负责接受用户输入,并告知第二类对象(棋盘系统)棋子布局的变化,棋盘对象接收到了棋子的变化就要负责在屏幕上面显示出这种变化,同时利用第三类对象(规则系统)来对棋局进行判定。

　　可以看出,面向对象是以功能来划分问题,而不是步骤。同样是绘制棋局,这样的行为在面向过程的设计中分散在多个步骤中,很可能出现不同的绘制版本,因为通常设计人员会考虑到实际情况进行各种各样的简化。而面向对象的设计中,绘图只可能在棋盘对象中出现,从而保证了绘图的统一。面向对象程序设计推广了程序的灵活性和可维护性,在大型项目设计中广为应用。

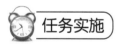 **任务实施**

任务情境8.1

设计一个课程类(Course),对该类有以下要求:

(1) 属性:课程名、学时、任课老师;

(2) 创建三个对象:“C语言程序设计”“Java程序设计”“Python程序设计”;

(3) 打印三个对象的课程名、学时、任课教师。

引导问题1　该类中三个属性的数据类型如何选择?

_____

_____

_____

引导问题2　该类没有要求定义构造方法,这时应该如何创建三个对象?

引导问题3 如何通过对象来访问每个属性值?

编写程序,调试运行后的结果如图8.4所示。

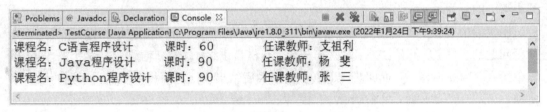

图8.4 任务情境8.1运行结果

任务情境调试记录可以记录在表8.2中。

表8.2 任务情境8.1调试记录

序号	错误或异常描述	解决方案	备注
1			
2			
3			
4			
5			

任务情境8.2

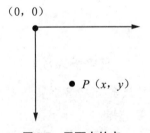

图8.5 平面内的点

定义一个类(Point)用于表示平面坐标系内的一个点,对该类有以下要求:

(1) 定义描述坐标点横坐标和纵坐标的属性;

(2) 提供无参的构造方法和一个带参的构造方法;

(3) 求到任意一点(m,n)的距离方法;

(4) 求到任意一点(Point p)的距离方法;

(5) 具有显示坐标点的方法,格式为(x,y);

（6）具有计算当前点到原点距离的功能；

（7）使用该类创建两个对象，输出这两个点，并计算两个点之间的距离。

引导问题1 该类中描述平面内的一个点需要定义几个属性，哪种类型合适？

_____

_____

引导问题2 带参的构造可以通过参数的传递来实现属性的赋值，定义无参的构造如何实现属性的赋值？

_____

_____

引导问题3 任意两点距离的计算用代码如何实现？所在方法返回为什么类型？参数为什么类型？

_____

_____

引导问题4 当任意一点为一个对象型数据时，该方法的参数应该怎么定义？如何取出该对象点的纵坐标和横坐标并计算出两点间的距离？

_____

_____

引导问题5 定义显示坐标点的方法时需不需要定义返回和参数？

_____

_____

引导问题6 定义求到原点距离的方法时需不需要定义参数？

_____

_____

引导问题7 通过对象计算成员方法时的步骤是什么样的？

_____

_____

编写程序，调试运行后的结果如图8.6所示。

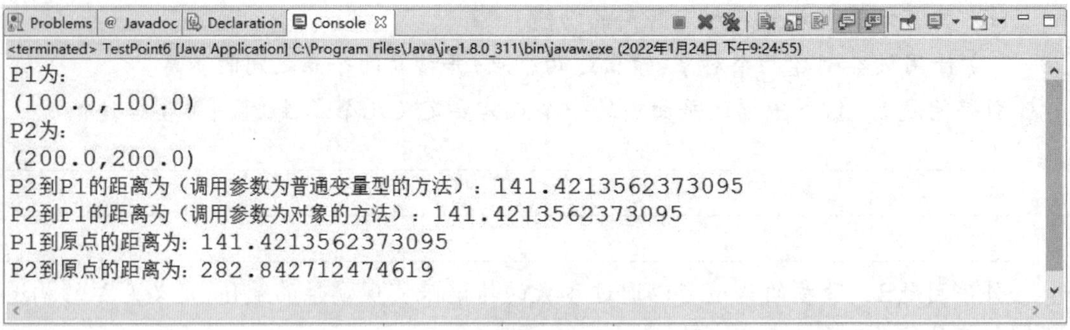

图8.6　任务情境8.2运行结果

任务情境调试记录可以记录在表8.3中。

表8.3　任务情境8.2调试记录

序号	错误或异常描述	解决方案	备注
1			
2			
3			
4			
5			

评价与考核

课程名称:Java程序设计		授课地点:	
任务8:面向对象的相关概念		授课教师:	授课时数:
课程性质:理实一体		综合评分:	
知识掌握情况得分(35分)			
序号	知识点	教师评价	分值	得分
1	类与对象的概念		5	
2	类的构成		10	
3	类成员的访问修饰符		5	
4	创建和使用对象		10	
5	关键字this的用法		5	
工作任务完成情况得分(65分)			
序号	能力操作考核点	教师评价	分值	得分
1	属性的准确定义		15	
2	构造方法的方法头和方法体的定义		15	
3	成员方法参数的选择是否合理		10	
4	成员方法要实现的功能是否达成		15	
5	正确地创建对象并测试成员方法		10	

续表

违纪扣分(20分)			
序号	违纪描述	教师评价	分值	扣分
1	迟到、早退		3	
2	旷课		5	
3	课上吃东西		3	
4	课上睡觉		3	
5	课上玩手机		3	
6	其他违纪行为		3	

 任务小结

　　本次任务涉及类和对象的概念、类的构成、访问修饰符、对象的创建和使用、this关键字等,这些都是面向对象程序设计的基础。客观世界中各个对象都存在其自身的表现方法、活动韵律以及特有的结构,其基本哲学为对象与对象之间的有机结合与相互作用组成了客观世界,由客观世界来反映现实世界,还原现实世界的基本面貌。

　　方法论认为程序设计语言是在显示开发中的运用表示,根据现实个体来塑造系统,使得系统与系统之间形成对应关系,并不需要对所需的功能进行构建。在一定程度上说,程序设计语言的实质就是为了方便人类去理解事物本身的性质以及事物本身的结构。当我们遇见一个人时,会看到他的外部形态,就是面向对象中的属性,当了解一个人时,就是面向对象中的类。类与类之间的传递,实现了内部结构之间的联系,赋予了系统的体系灵魂,映射了客观世界的联系模式,呈现出其多样化的特点。

　　面向对象程序设计语言是理解社会的一种方式,代表着信息世界的一个上升层次,通过其灵活的语言方式来处理系统遇到的冗杂和负担。面向对象的发展在一定程度上阐述了唯物主义思想,人类通过面向对象对事物进行思维理解和客观分析。

 任务测试

选择题

1. 下列哪个描述属于类的范畴?(　　　)

　　A. 学生张三　　　　　　B. 杨老师　　　　　C. 王五的电动车　　　D. 教材

2. 下列语句访问类的属性正确的是(　　　)。

　　A. car.name　　　　　B. car->name　　　　C. car.name()　　　　D. car->name()

3. 方法的组成包括(　　　)。

　　A. 声明部分和方法体部分　　　　　　B. 类和对象部分

　　C. 参数列表部分和修饰部分　　　　　D. 静态部分和动态部分

4. Java方法的参数分为(　　　)。

　　A. 形参和实参　　　　　　　　　　　　B. 私有参数和公有参数

　　C. 基本类型和指针类型　　　　　　　　D. 类和对象

5. 构造方法和成员方法的相同之处为(　　　)。

　　A. 两者都有返回类型　　　　　　　　　B. 两者名字都与类名相同

　　C. 两者都可以有参数列表　　　　　　　D. 以上三种说法都对

6. Java为方法和属性提供了(　　　)个访问控制符。

　　A. 3　　　　　　　　B. 2　　　　　　　　C. 4　　　　　　　　D. 5

7. 下列关于关键字this的作用描述错误的是(　　　)。

　　A. 可以引用成员变量　　　　　　　　　B. 可以引用构造方法

　　C. 可以代表自身对象　　　　　　　　　D. 放在静态方法中引用类成员

简答题

1. 类和对象间的关系是怎样的?

2. 请写出定义类的方法和步骤。

3. 请回答类成员的访问修饰符有几种? 每一种的作用范围有哪些?

程序设计题

1. 定义一个Dog类,有名字、品种和年龄属性,定义构造方法完成对这些属性的赋值,定义输出方法show()显示其信息。

2. 定义一个圆类,提供计算并输出圆周长的方法,提供计算并输出圆面积的方法,提供无参的构造方法和一个带参的构造方法。

3. 创建一个Cube类,在其中定义三个属性分别表示立方体的长、宽、高,定义求立方体体积的方法,定义一个无参构造和一个带参的构造。创建一个对象,求给定尺寸的立方体的体积。

任务9　封　　装

本章实验

假设一个类中的所有成员全部允许被访问的话,可能会威胁到类的安全性。此外,暴露太多的成员会使这个类很难使用。作为面向对象程序设计的特性之一,封装是保护一个类具有所需要的安全性,并且只暴露那些能够安全暴露部分的技术。Java通过访问控制来实现封装,本次任务介绍封装的概念、意义和实现的过程。

学习目标

(1) 理解封装的概念;
(2) 理解封装的意义;
(3) 熟练掌握封装实现的过程;
(4) 熟练掌握封装之后类成员的使用。

知识准备

9.1　封装的概念

所谓封装就是将类的某些信息隐藏在类的内部,不允许外部程序直接访问,而是通过该类提供的方法来对隐藏的信息进行操作和访问。

生活中有很多封装特性的具体应用,例如,电视机就是一个很好的例子。我们知道电视机是由成百上千个电子元器件组成的,每一个元器件都有自己的作用,如何让这些器件步调一致地协同工作,不是使用者要关心的事情,而且这些器件直接暴露出来也是不安全的。所以电视机的设计者将这些构成电视机的元器件封起来放到一个保护壳里。使用者只能看到电视机的屏幕,通过屏幕观看喜欢的节目。为了让电视机易于使用,设计者为我们提供了遥控器,我们不需要知道电视机内部繁杂的结构,只要通过遥控器就可以实现调整音量、切换频道等功能,这时遥控器就是设计者暴露给我们使用电视机的方法,如图9.1所示。

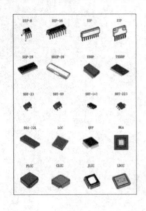

图9.1　现实中的封装

9.2　封装的意义

封装是指隐藏类的属性和实现细节,仅仅对外公开接口。封装能为软件系统带来以下优点:

(1) 封装便于使用者正确、方便地理解和使用系统,防止使用者错误修改系统的属性。

如果属性设为public,就比如在使用电视机时,不是通过遥控器而是直接操作元器件,这样就很不安全。这个例子中,可以把电视机中的元器件看作类的属性,而把遥控器看作set/get方法,也就是让对外服务提供某些接口,里面具体的操作就隐藏起来了。

(2) 有助于建立各个系统之间的松耦合关系,提高系统的独立性。当某一个系统的实现发生变化,只要它的接口不变,就不会影响到其他的系统。

(3) 提高软件的可重用性,每个系统都是一个相对独立的整体,可以在多种环境中得到重用。例如5号电池就是一个可重用的独立系统,在遥控器、手电筒、电动剃须刀和玩具赛车中都能发挥作用。

(4) 降低了构建大型系统的风险,即使整个系统不成功,个别的独立子系统有可能依然是有价值的。例如遥控器坏了,它所使用的5号电池依然有用,可以安装到手电筒中。

9.3　封装的实现

通过使用访问修饰符private修饰属性来限制类的外部对类成员的访问,让其他类只能通过公共方法访问私有属性。封装实现的步骤如下:

(1) 修改属性的可见性,将属性的访问修饰符设为private。

通过上次任务的学习我们知道,private是Java类成员访问修饰符之一,表示私有的,被private修饰的成员只有它所在的类中才能访问,其他的包括同一个包中的类、不同包中的子类等通通不能访问,这些属性都被隐藏起来了。

比如,我们定义一个Man类,里面包括姓名、性别、年龄、身高、身份证号5个属性,这5个属性全部用private修饰,这样它们就被封装起来对外不可见了。

```
private   String name;
private   char sex;
private   int age;
private   float height;
private   String id;
```

(2)为每个被封装的属性分别设置公有的set和get方法,其中set方法用于属性的写操作,也就是给属性赋值。get方法用于属性的读操作,也就是访问属性的值。

```
public String getName() {
        return name;
    }
    public void setName(String name) {
        this.name = name;
    }
    public char getSex() {
        return sex;
    }
    public void setSex(char sex) {
        this.sex = sex;
    }
    public int getAge() {
        return age;
    }
    public void setAge(int age) {
        this.age = age;
    }
    public float getHeight() {
        return height;
    }
    public void setHeight(float height) {
        this.height = height;
    }
    public String getId() {
        return id;
    }
    public void setId(String id) {
        this.id = id;
    }
```

当我们需要封装的属性比较多时，一个一个地去声明get/set方法就太慢了。Eclipse提供的快捷操作可以自动生成get/set方法。首先在类的内部右键弹出菜单中选择"Source"（源代码），或者按下组合键alt+shift+s，"Generate Getters and Setters"（生成getter和setter），在弹出的对话框中选择需要创建setter和getter的属性，或者点击"Select All"全部选中。最后将访问修饰符设置为"public"，点击"OK"就可以快速为每一个被封装的属性设置公共的getter和setter方法了，如图9.2所示。

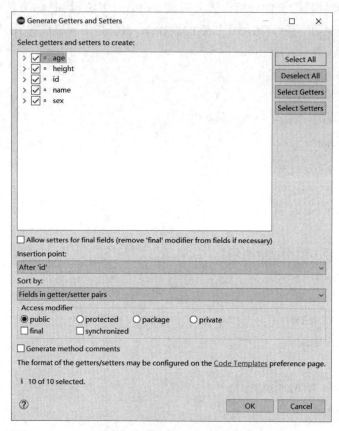

图9.2　快速生成getter和setter

（3）在get/set方法中加入控制语句对属性值的合理性进行控制。

以Man类中sex属性为例，需要为它设置一个公共的set方法setSex来为其赋值，为了保证赋值的正确性，在setSex方法中加入合理性控制，判断接收的属性值是否是"男"或"女"，从而进一步地保证被封装属性的安全性。

```java
public void setSex(char sex) {
        if(sex=='男'||sex=='女')
                this.sex = sex;
        else
                System.out.println("Invalid sex!");

    }
```

9.4　封装之后的使用

在另一个类中要使用Man类中的私有属性,需要先创建Man类的对象man,然后通过man来调用每个属性的set和get方法。

```
public class ManTest {
    public static void main(String[] args) {
        // TODO Auto-generated method stub
        Man man = new Man();
        man.setName("张三");
        man.setAge(66);
        System.out.println("姓名:" + man.getName() + "  " + "年龄" + man.getAge());
    }
}
```

【例程1】　使用封装编写一个教材类Book,具有书名、出版社、版次、页数等属性。要求页数不能少于500页,否则控制台打印错误信息,并强制赋值500。为所有属性设置set和get方法,并创建一个showInfo方法用于打印Book的所有属性。

```
public class Book {
    private String name;
    private String publiser;
    private int version;
    private int page;
    public String getName() {
        return name;
    }
    public void setName(String name) {
        this.name = name;
    }
    public String getPubliser() {
        return publiser;
    }
    public void setPubliser(String publiser) {
        this.publiser = publiser;
    }
    public int getVersion() {
        return version;
```

```
    }
    public void setVersion(int version) {
        this.version = version;
    }
    public int getPage() {
        return page;
    }
    public void setPage(int page) {
        if (page < 500) {
            System.out.println("页数不足500页!! ");
            this.page = 500;
        } else
            this.page = page;
    }
    public void showInfo() {
        System.out.println("书名为:" + this.getName() + "\t出版社为:" + this.getPub-
liser() + "\t版次为:" + this.getVersion()+ "\t页数为:" + this.getPage() + "页。");
    }
}
```

任务实施

任务情境9.1

要求定义一个学生类(Student),有以下要求:

(1)包含姓名、Java成绩、Android成绩、Python成绩4个属性,所有属性全部用private
修饰;

(2)为每个属性设置set和get方法;

(3)创建为全部属性赋值的构造方法;

(4)定义输出完整学生信息的方法showInfo;

(5)定义求三门课最好成绩、最差成绩、平均成绩的方法。

引导问题1　每个属性的类型应如何选择?

_____

_____

引导问题2　如何快速为每个属性生成set和get方法?

_____

_____

_____

引导问题3 构造方法能不能像set/get方法那样自动生成?

_____

_____

引导问题4 打印属性时如何用转义字符设置属性间的间隔?

_____

_____

引导问题5 如何求三门课中的最好、最差和平均成绩?

_____

_____

编写程序,调试运行后的结果如图9.3所示。

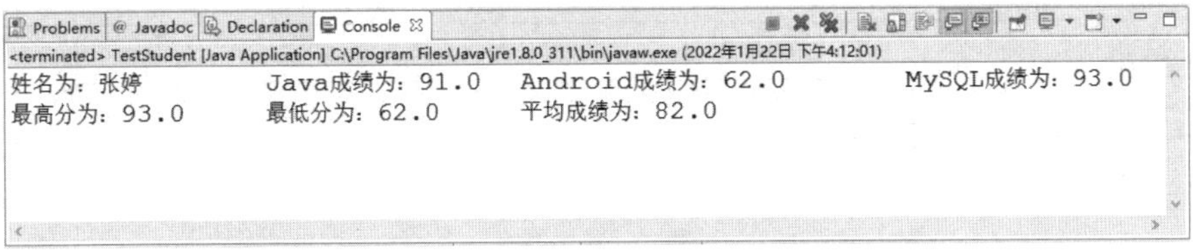

图9.3 任务情境9.1运行结果

任务情境调试记录可以记录在表9.1中。

表9.1 任务情境9.1调试记录

序号	错误或异常描述	解决方案	备注
1			
2			
3			
4			
5			

任务情境9.2

采用封装技术定义一个账户类(Account),要求如下:

(1)定义一个属性余额,要求余额不能为负,并用private修饰,同时设置set/get方法。

(2)定义一个构造方法为属性赋值。

(3)分别定义存钱和取钱的方法,观察初始余额200元,先存20元,再取290元是否符合业务逻辑? 初始余额120元,先存50元,再取166元是否符合业务逻辑?

引导问题1 如何在set方法和构造方法中限制余额不能为负?

_____

_____

引导问题3　如何在取钱方法中限制余额不能为负?

_____

_____

_____

编写程序,调试运行后的结果如图9.4所示。

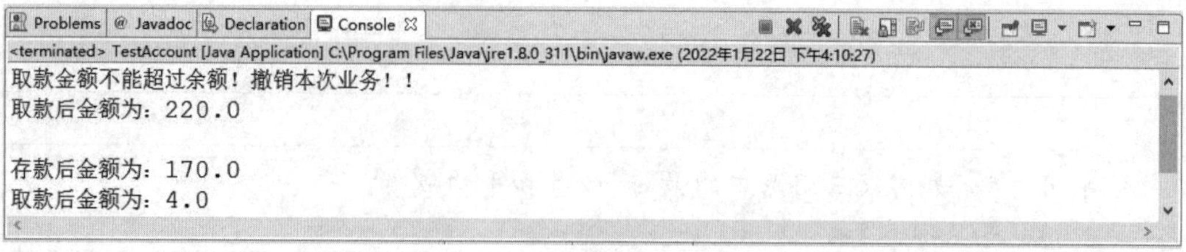

图9.4　任务情境9.2运行结果

任务情境调试记录可以记录在表9.2中。

表9.2　任务情境9.2调试记录

序号	错误或异常描述	解决方案	备注
1			
2			
3			
4			
5			

评价与考核

课程名称:Java程序设计		授课地点:		
任务9:封装		授课教师:		授课时数:
课程性质:理实一体		综合评分:		
知识掌握情况得分(35分)				
序号	知识点	教师评价	分值	得分
1	封装的概念		5	
2	封装的意义		5	
3	封装的实现过程		15	
4	封装之后的使用		10	
工作任务完成情况得分(65分)				
序号	能力操作考核点	教师评价	分值	得分
1	正确使用private关键字隐藏部分属性		10	
2	熟练掌握set/get方法的结构		15	
3	能够使用多种方法为被封装的属性生成set/get方法		20	
4	准确完成任务中所有的业务要求		20	

续表

违纪扣分（20分）				
序号	违纪描述	教师评价	分值	扣分
1	迟到、早退		3	
2	旷课		5	
3	课上吃东西		3	
4	课上睡觉		3	
5	课上玩手机		3	
6	其他违纪行为		3	

 任务小结

本次任务介绍了封装的概念、意义及实现过程。封装既方便了类的使用者，又方便了类的设计者，作为使用者他们只考虑提供的方法好不好用，不用去关心类的实现细节。作为类的设计者，不需要修改使用了该类的客户代码，可以很方便地去修改类的内部实现。

封装最终的目的是隐藏复杂性，这是我们处理复杂问题的一种常用方法，通常跟人的记忆力、计算力有限是有关系的。我们只要知道，这种隐藏复杂性的方法很常用、很好用就可以了。衡量封装的好坏，简洁单一是一个很好的标准。简洁的追求自然促使类的职责单一，职责明确的类，看起来会更舒服，可读性也一定会更好。在现实生活中我们要学会做"减法"，压缩自己的人生目标，在一个领域里，专注于一个方向，用心做好一件事，这样成功的概率才会变大。

 任务测试

选择题

1. 下列访问修饰符，(　　)修饰属性时表示该属性被隐藏。

　　A. private　　　　B. public　　　　C. protected　　　　D. default

2. 关于封装的说法，正确的是(　　)。

　　A. 类的成员变量只能使用private访问修饰符

　　B. 类外部对本类成员的访问必须通过get/set方法

　　C. 每个成员变量必须提供set/get

　　D. 封装就是通过private限制对类成员的变量或成员方法的访问

简答题

封装的意义是什么？为什么要进行封装？

程序设计题

1. 定义公司类(Corporation)有如下要求：

(1) 定义属性公司包括名称、地址、成立时间、联系电话，所有属性要求用private关键字修饰，并创建set/get方法。

(2) 定义构造方法为所有属性赋值。

(3) 定义打印公司详细信息的方法。

(4) 编写测试类TestCorporation，在测试类中创建公司类对象，并打印输出公司详细信息。

2. 定义一个员工类(Employee)有如下要求：

(1) 具有属性：姓名、年龄、身份证号、岗位。

(2) 封装所有的属性，并设置set/get方法。

(3) 具有方法：自我介绍，输出该员工的姓名、年龄、身份证号以及岗位。

(4) 具有两个带参构造方法：第一个构造方法中，设置员工的年龄为25、岗位为程序员，其余属性的值由参数给定；第二个构造方法中，所有属性的值都由参数给定。

(5) 编写测试类TestEmployee进行测试，分别以两种方式完成对两个Employee对象的初始化工作，并分别调用它们的自我介绍方法，看看输出是否正确。

任务10 继　　承

本章实验

继承是Java面向对象编程技术的基石，它允许创建分层次的类，使得用面向对象语言编写的代码能够扩展，是面向对象的特征之一。继承避免了对一般类和特殊类之间的共同特征的重复描述，运用继承原则使得系统模型比较简练，也比较清晰。本次任务介绍继承的概念、意义、实现的过程以及确立继承关系后子类和父类的关系。

学习目标

(1) 理解继承的概念；

(2) 理解继承的意义；

(3) 熟练掌握继承实现的过程；

(4) 熟练掌握确立继承关系后子类和父类的关系；

(5) 掌握Object类的作用。

知识准备

10.1　继承的概念

当我们创建了一个新的类来扩展一个已知的类,这时两个类之间就确立了继承关系。已知的类称为父类或超类,新的类称为子类或派生类。子类从父类那里继承属性和方法,使得子类具有与父类相同的特征和行为,同时还可以在子类中增加新的方法和新的属性,并且覆盖已有的方法以改变其行为。

兔子和羊都是食草动物,我们可以说兔子is-a食草动物,绵羊is-a食草动物,意思就是兔子是一个食草动物,绵羊是一个食草动物,这里兔子、绵羊更加具体,食草动物则更加抽象。同样,狮子和猎豹都是食肉动物,所以我们说狮子is-a食肉动物,猎豹is-a食肉动物,狮子、猎豹更具体,食肉动物更抽象。所以继承需要符合的关系是:is-a的关系,父类更通用,子类更具体,只有符合这种关系的两个类才能建立继承关系。继承示例如图10.1所示。

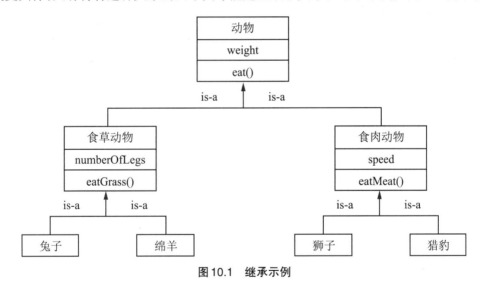

图10.1　继承示例

10.2　继承的意义

假设现在定义了两个类:企鹅和老鼠。企鹅类的定义如下:

```
public class Penguin {
    String name;
    int id;
    public Penguin(String myName, int  myid) {
```

```
        this.name = myName;
        this.id = myid;
    }
    public void eat(){
        System.out.println(name+"正在吃");
    }
    public void sleep(){
        System.out.println(name+"正在睡");
    }
    public void introduction() {
        System.out.println("大家好！我是"+ id + "号" + name + ".");
    }
}
```

在企鹅类里定义了两个属性：name、id，定义了三个成员方法：eat、sleep、introduction，分别表示吃、睡、自我介绍，还有一个构造方法。老鼠类的定义如下：

```
public class Mouse {
    String name;
    int id;
    public Mouse(String myName, int  myid) {
        this.name = myName;
        this.id = myid;
    }
    public void eat(){
        System.out.println(name+"正在吃");
    }
    public void sleep(){
        System.out.println(name+"正在睡");
    }
    public void introduction() {
        System.out.println("大家好！我是" + id + "号" + name + ".");
    }
}
```

而老鼠类，同样定义了 name、id 两个属性和 eat、sleep、introduction 三个成员方法，而且这些属性的类型，方法的返回、修饰符、方法体与企鹅类完全一致。也就是说，这两个类除了构造方法不一样之外，其他完全一样，在这两个类里做了大量重复的定义。

接下来，对刚才两个类的定义修改一下。将两个类中完全重复的那些属性和方法全部拿出来放到一个叫作 Animal 的新类中。然后分别定义企鹅类和老鼠类，在定义时通过

extends关键字指明这两个类继承自Animal类,然后各自定义构造方法。

定义动物类Animal:

```java
public class Animal {
    String name;
    int id;
    public Animal(String myName, int myid) {
        name = myName;
        id = myid;
    }
    public void eat(){
        System.out.println(name+"正在吃");
    }
    public void sleep(){
        System.out.println(name+"正在睡");
    }
    public void introduction() {
        System.out.println("大家好! 我是"+ id + "号" + name + ".");
    }
}
```

修改后的企鹅类:

```java
public class Penguin extends Animal {
    public Penguin(String myName, int myid) {
        super(myName, myid);
    }
}
```

修改后的老鼠类:

```java
public class Mouse extends Animal {
    public Mouse(String myName, int myid) {
        super(myName, myid);
    }
}
```

修改前企鹅类和老鼠类的定义中代码存在重复,导致的后果就是代码量大且臃肿,而且可维护性不高。修改之后,单独定义一个Animal类作为父类,将两个类定义中重复的部分抽取出来放到父类中。企鹅类和老鼠类继承这个类之后,就具有父类中的属性和方法了,子类中不需要再做相同的定义,程序变得更加简洁,提高了代码的复用性和可维护性,从而能够大大缩短应用系统的开发周期,降低开发费用,这就是继承的意义。

10.3 继承的实现

继承的实现有两个步骤,下面通过一个具体的例子来学习继承实现的过程。

【例程 1】 定义一个宠物类 Pet,属性有 name 和 age;方法有吃饭 eat(),喝水 drink(),发出叫声 shout()。宠物猫 Cat 也拥有 name 和 age 属性,需要吃饭、喝水,宠物猫会爬树,发出"喵喵"的叫声。宠物狗 Dog 同样拥有 name 和 age 属性,需要吃饭、喝水,宠物狗可以担任警戒的工作,发出"汪汪"的叫声。确定三个类间的继承关系,并完成三个类的定义。

10.3.1 定义父类

父类一般选择那些具有一般特性、更加通用的类。宠物类 Pet 拥有 name 和 age 属性,也具有吃饭、喝水、发出叫声等一般特性,因此在这里选择 Pet 作为父类。

```java
public class Pet {
    String name;
    int age;
    // 吃饭的方法
    public void eat() {
        System.out.println("宠物要吃饭");
    }
    // 喝水的方法
    public void drink() {
        System.out.println("宠物要喝水");
    }
    // 发出叫声
    public void shout() {
        System.out.println("宠物会发出叫声");
    }
}
```

10.3.2 定义子类

将那些更具体、更特殊的类定义成子类。宠物猫和宠物狗都是宠物,具有更具体的特性,它们和宠物之间存在 is-a 的关系。在具体定义时只需要在子类名的后面通过 extends 关键字指明其父类。

[类修饰符] class 子类名 extends 父类名

知识拓展:一个类只能继承一个父类,也就是 extends 关键字后面的父类名只能有一个。但是反过来,一个父类可以有多个子类。

```java
public class Cat extends Pet {
    //重写父类的shout()方法
    @Override
    public void shout() {
        System.out.println("猫会喵喵叫");
    }

    //宠物猫新增的方法 climbTree()
    public void climbTree(){
        System.out.println("猫会爬树");
    }
}
public class Dog extends Pet {
    //重写父类的shout()方法
    @Override
    public void shout() {
        System.out.println("狗会汪汪叫");
    }

    //宠物狗新增的方法 police()
    public void police(){
        System.out.println("狗会警戒");
    }
}
```

10.4　子类与父类的关系

当子类和父类间的继承关系确立后就具有了以下的关系：

（1）子类自动继承父类非 private 修饰的属性和方法。

这很容易理解，因为属性和方法一旦被 private 修饰就变成私有的了，对外就不可见了，只能被当前类自己访问，就不能被继承了。

（2）子类中可以定义特定的属性和方法。

在面向对象程序设计中，子类不但可以从其父类那里继承所有的非 private 修饰的属性和方法，而且还可以定义自己的属性和方法，这有利于实现类功能的扩展。比如例程 1 子类 Cat 中增加了爬树 climbTree()方法，子类 Dog 中增加了警戒 police()方法。

（3）子类可以重写父类的方法。

子类重新实现父类方法的过程称为重写。重写时可以修改方法的方法体、访问权限修饰符和返回值,但方法名和参数列表都不可以修改。仅当返回值为类类型时,重写的方法才可以修改返回值类型,且必须是父类方法返回值的子类,要么就不修改,与父类返回值类型相同。比如例程1中子类Cat重写了父类的shout()方法,将方法体改为"System.out.println("猫会喵喵叫");"。

知识拓展:方法的重写会隐藏父类中的同名方法。比如在Cat类中调用shout()方法,将不会调用父类Pet中的shout()方法,而是子类Cat中重写之后的shout()方法。子类属性与父类属性相同时也会出现这种现象。

(4)通过super关键字访问父类成员,this关键字指向自己的引用。

super表示当前类是父类的对象,this表示当前类的对象。当子类和父类间出现隐藏现象后,如果需要在子类中访问父类的属性或方法时可使用super关键字。比如在Cat中调用父类Pet中的shout方法可以使用super.shout(),调用本类中重写之后的shout方法可以使用this.shout()。通过super关键字与this关键字可以显式地区分当前调用的是父类成员还是子类成员。

(5)子类不能继承父类的构造方法。

构造方法的作用是用来实例化对象的,父类的构造方法只能用来实例化父类对象,虽然子类继承了父类,但父类和子类仍然是完全独立的两个不同的类,构造方法是不允许被继承的,子类需要定义自己的构造方法用于实例化子类对象。

在子类的构造方法中,通过super调用父类的构造,"super([参数列表]);"必须是子类构造方法中的第一条语句。如果该语句省略,会自动调用父类无参的构造方法。下面Base和Sub类的定义说明了这个过程。

【例程2】 定义父类Base和子类Sub,为父类Base定义不带参的构造打印输出"父类Base",定义一个带字符串形参的构造打印"父类Base."和字符串。为子类定义带参构造打印输出参数字符串。创建子类对象,传递参数"Start..."并测试程序运行的结果。

```
/**
 * 定义父类Base
 */
class Base {
    // 父类不带参的构造
    public Base() {
        System.out.println("父类Base");
    }
    // 父类带参的构造
    public Base(String s) {
        System.out.println("父类Base." + s);
    }
}
/**
 * 定义子类Sub
 */
```

```java
public class Sub extends Base {
    // 子类构造
    public Sub(String s) {
        System.out.println(s);
    }
    public static void main(String[] args) {
        Sub sub = new Sub("Start...");
    }
}
```

程序运行结果为:

父类Base

Start...

这证明了子类Sub的构造方法做的第一件事是调用父类Base的无参构造。Java编译器隐式地将Sub的构造方法修改如下:

```java
public Sub(String s) {
        super();
        System.out.println(s);
    }
```

知识拓展

在父类中,构造方法也会调用其直接父类的构造方法,这个过程不断重复直到到达了根类Object的构造方法。换句话说,当我们创建一个子类对象时,其所有的父类也会实例化。

10.5　根类Object

Java规定所有的类都是直接或间接地继承java.lang.object类得到的。从下面这张类的继承层次关系图能够看出,Object位于继承关系树根节点的位置,是Java中的所有类的祖先类。在定义类时如果没有使用extends关键字指明其直接父类,此时所定义类的父类为Object。类的继承关系如图10.2所示。

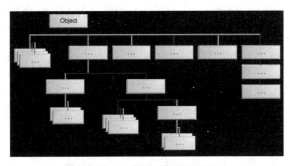

图10.2　类的继承关系图

这也就解释了为什么我们定义的类实例化为对象后都莫名其妙地多了一些成员方法，比如 clone()、finalize()、equals(Object obj)、hashcode()、toString()、notify()、notifyAll()、wait()等，这些方法其实都是定义在 Object 类中的，我们在定义类时直接或间接地将这些方法继承了过来，其具体用法我们在后面的学习中都会接触到。

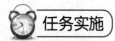 **任务实施**

任务情境10.1

要求定义父类家用电器类（ElectricAppliance）和子类电视（Television）、洗衣机（WashingMachine），有以下要求：

（1）所有的家用电器都有电压和电流两个属性，开和关两个方法，为该类创建一个带参的构造方法。

（2）电视机除了拥有上述属性、方法外，还有屏幕尺寸属性和显示画面的方法。

（3）洗衣机新增洗衣容量属性和自动洗衣的方法。

引导问题1　应该先定义三个类中的哪一个？

_____

_____

引导问题2　如何实现继承关系？

_____

_____

引导问题3　子类中的构造方法如何实现？

_____

_____

引导问题4　如何在子类中重写从父类继承的方法？

_____

_____

_____

编写程序，调试运行后的结果如图10.3所示。

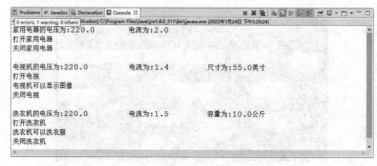

图10.3　任务情境10.1运行结果

任务情境调试记录可以记录在表10.1中。

表10.1　任务情境10.1调试记录

序号	错误或异常描述	解决方案	备注
1			
2			
3			
4			
5			

任务情境10.2

定义表示平面内点的类(Point),属性有横坐标和纵坐标,具体要求如下:

(1) 设置无参的构造方法。

(2) 设置有参的构造方法 Point(int x,int y)。

(3) 重写 toString()方法,用于输出坐标点的信息。

(4) 重写 euqals()方法,用于判定两个坐标点是否为同一个点。

引导问题1　该类的父类应该为哪个类?

_____

_____

引导问题2　如何重写 toString()和 euqals()方法?

_____

_____

引导问题3　如何判定两个坐标是否为同一个点?

_____

_____

编写程序,调试运行后的结果如图10.4所示。

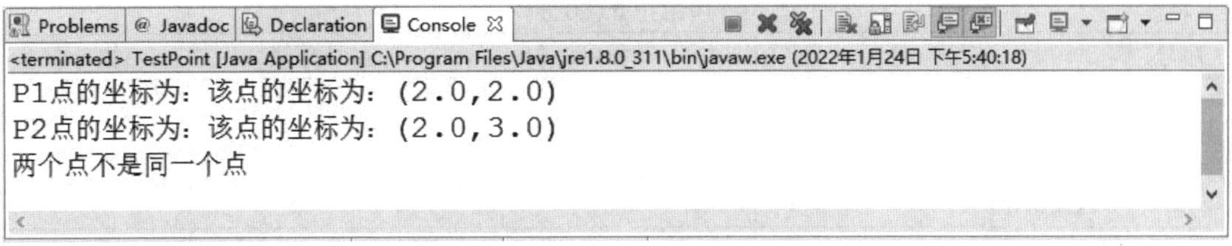

```
Problems @ Javadoc Declaration Console ☒
<terminated> TestPoint [Java Application] C:\Program Files\Java\jre1.8.0_311\bin\javaw.exe (2022年1月24日 下午5:40:18)
P1点的坐标为:该点的坐标为: (2.0,2.0)
P2点的坐标为:该点的坐标为: (2.0,3.0)
两个点不是同一个点
```

图10.4　任务情境10.2运行结果

任务情境调试记录可以记录在表10.2中。

表10.2 任务情境10.2调试记录

序号	错误或异常描述	解决方案	备注
1			
2			
3			
4			
5			

评价与考核

课程名称:Java程序设计		授课地点:	
任务10:继承		授课教师:	授课时数:
课程性质:理实一体		综合评分:	

知识掌握情况得分(35分)				
序号	知识点	教师评价	分值	得分
1	继承的概念		5	
2	继承的意义		5	
3	继承的实现过程		10	
4	子类和父类的关系		10	
5	根类		5	

工作任务完成情况得分(65分)				
序号	能力操作考核点	教师评价	分值	得分
1	能够通过is-a的关系确定父类和子类		10	
2	能够熟练地实现子类和父类间的继承		10	
3	能够正确地在子类中重写父类的方法、新增子类的属性		15	
4	能够正确地在子类中定义构造方法		15	
5	能够正确地重写Object类中的相关方法完成扩展类的功能		15	

违纪扣分(20分)				
序号	违纪描述	教师评价	分值	扣分
1	迟到、早退		3	
2	旷课		5	
3	课上吃东西		3	
4	课上睡觉		3	
5	课上玩手机		3	
6	其他违纪行为		3	

任务小结

继承是非常重要的面向对象的特征。它使Java语言编写的代码能够扩展,让我们有机会添加一些在最初的类中不存在的功能。它还使我们有机会改变已有的类的行为,以使其更好地满足需求。继承简化了人们对事物的认识和描述,如汽车类作为交通工具类的特例,具有一切交通工具类的属性和行为。继承性更是人类认识历史的突出表现,每一代人的认识都是以社会知识库为背景,同时又为社会知识库贡献新的内容。一滴水只有放进大海里才不会干涸,一个人只有当他把自己和集体事业融会在一起的时候才能最有气力。作为计算机专业的学习者或从业人员,只有不停地重用和丰富自己的类库,使类的功能不断演变进化,达到青出于蓝而胜于蓝的效果,才能实现技术的不断进步。

任务测试

选择题

1. 以下关于继承特性的描述,哪个是正确的?(   )

　　A. 子类至少要有一个直接父类

　　B. 子类可以通过this访问父类中的成员

　　C. 子类还可以被另外的类继承

　　D. 子类继承父类的方法必须保持访问权限不变

2. 假设父类中定义了一个方法method(),在子类中重写该方法,如果需要在子类中访问父类被隐藏的方法,以下哪个选项是正确的?(   )

　　A. super.method()　　　　　　　B. this.method()

　　C. super()　　　　　　　　　　D. method()

3. 下列说法中,哪个是正确的?(   )

　　A. 子类可以重新定义父类中非private修饰成员

　　B. 子类和父类可以完全相同

　　C. 子类不可共享父类的方法

　　D. 父类中的类变量不可隐藏

4. 假设类B继承自类A,类C继承自类B,且有如下声明:

A a1=new A();

A a2=new B();

A a3=new C();

以下哪个选项是正确的?(   )

　　A. 只有第1行能通过编译

　　B. 第1、2行能通过编译,但第3行编译出错

　　C. 第1、2、3行能通过编译,但第2、3行运行时出错

D. 第1行、第2行和第3行的声明都是正确的

5. 下列关于super关键字的说法,正确的是(　　)。

　　A. super关键字用于在子类对象中指代其父类对象的引用

　　B. 子类通过super关键字只能调用父类的方法,不能调用父类的属性

　　C. 子类通过super关键字只能调用父类的属性,不能调用父类的方法

　　D. super关键字不仅可以指代子类的直接父类,还可以指代父类的父类

简答题

1. 简述继承实现的过程,并总结子类和父类建立继承关系后有哪些特性。

_____

_____

_____

_____

2. 如果在新定义的类C中想同时使用这已存在的类A和B的功能,这时应该如何设计类C比较合理?

_____

_____

_____

_____

程序设计题

1. 定义球类(Ball)有如下要求:

(1) 定义打球的方法play;

(2) 定义子类足球(Football),新增属性球门goal,足球打球的方法play为"足球是用来踢的";

(3) 定义子类篮球(Basketball),新增属性篮网basketNet,篮球打球的方法play为"篮球是用来投的";

(4) 编写测试类(TestBall),测试子类中的属性和方法。

2. 设计一个人的类(Person)有如下要求:

(1) 具有属性:姓名、性别和年龄,包含构造方法以及显示姓名、性别和年龄的方法showInfo;

(2) 定义子类学生(Student),新增属性学号并包含构造方法,重写showInfo方法使其能够显示学号;

(3) 重写toString方法,输出信息格式为:学号:** 姓名:** 性别:** 年龄:**(其中,**为对象对应属性值);

(4) 编写测试类TestStudent,测试所有的属性和方法。

任务11 多 态

本章实验

在面向对象的程序设计中,多态是继封装和继承之后的第三种基本特征,它使得对象能够根据接受的一个方法的调用来确定要调用哪一个方法的实现,从而让我们不用关心某个对象到底是什么具体类型,就可以使用该对象的某些方法。本次任务介绍多态的概念、意义、分类及实现的过程。

学习目标

(1) 理解多态的概念;
(2) 理解多态的意义;
(3) 掌握多态的分类;
(4) 熟练掌握多态的实现过程。

知识准备

11.1 多态的概念

所谓多态是指一个方法的不同存在形态,在程序中允许同名的不同方法共存。即"一个名字,多个方法"。

比如汽车分为卡车、客车、皮卡三类,卡车拥有载货的方法,客车拥有载客的方法,皮卡既可以载货,也可以载客。卡车派生出两个子类:轻卡和重卡,所以轻卡和重卡都从它们的父类那里继承了载货的方法,但是载货的方法在轻卡、重卡两个子类中的存在形式是不同的,轻卡实现载货时只能载货5吨,而重卡实现载货时可以载货20吨。同样,客车派生出普通轿车和大客车两个子类,它们都继承了客车的载客的方法,但是轿车只能载客5人,而大客车可以载客50人。皮卡虽然既可以载货,也可以载客,但是只能载客5人,载货1吨。

以上的例子说明,同一个方法是可以不同形式存在的,也就是它们的实现过程可以不一

样,这就是多态。现实中的多态如图11.1所示。

图 11.1 现实中的多态

11.2 多态的意义

多态特性的意义体现在以下五点:

(1) 使用多态将"做什么"和"怎么做"分离,在子类或接口实现类中以不同的形式实现父类或接口中定义的方法。

(2) 使用多态可以提高程序的抽象度和简洁性,多态简化对应用软件的代码编写和修改过程,尤其在处理大量对象的运算和操作时,这个特点尤为突出和重要。

(3) 使用多态可以提高程序的可扩展性和可维护性。增加新的子类不影响已存在类的多态性、继承性,以及其他特性的运行和操作。实际上新增加的子类更容易通过多态特性获得更多的功能。

(4) 使用多态能够改善代码的组织,提高可读性,让程序变成一种可进化的动态结构。比如定义一个图形类Shape,那么圆形Circle、矩形Rectangle都可以看作一种Shape,因为它们之间符合"is-a"的关系。正是因为多态特性忽略了对象的类型,如果继续新增椭圆形Oval、梯形Trapezoid等,它们依然满足这种关系,当向上转型时都可以认为是一个图形Shape类。

(5) 使用多态可以消除类型间的耦合关系。简单地说,就是没有多态,等号左边是什么右边也得是什么,这就叫作耦合。有了多态,左边是父类,右边是子类,我们只管调用父类里的方法,不同的子类有不同的实现。如果需要修改一下实现,我们只需把子类替换掉,父类里的代码一行都不用变,这样就实现了解耦。

11.3 多态的分类

Java中的多态分为静态多态和动态多态两种。

静态多态是通过同一个类中的方法重载(overload)实现的,是编译时多态,程序根据参数的不同来调用相应的方法,具体调用哪一个由编译器在编译阶段静态决定。

动态多态是通过类与类之间,比如父类和子类之间,接口和实现类之间的方法重写(override)实现的多态,在运行时根据调用方法的实例的类型来决定调用哪个重写的方法。

静态多态在程序运行时更有效率,动态多态在程序运行时更有灵活性。

11.4　多态的实现

11.4.1　静态多态的实现

静态多态发生在同一个类的内部,方法名相同,方法参数的个数、类型、顺序不同,方法体不考虑。

【例程1】　定义一个实现两数相加的类Calculate,创建两个构造方法,不带参的构造默认为两个属性进行默认赋值,带参构造通过形参为属性赋值,能够按照两个操作数类型的不同自动完成add方法的调用。

```
public class Calculate {
    int op1, op2;
    // 构造方法的重载
    public Calculate() {
        this.op1 = 1;
        this.op2 = 2;
    }
    public Calculate(int a, int b) {
        this.op1 = a;
        this.op2 = b;
    }
    // add方法的重载
    public int add(int a, int b) {
        return a + b;
    }
    public double add(double a, double b) {
        return a + b;
    }
    public float add(float a, float b) {
        return a + b;
    }
}
```

在这个例子里定义了两个构造方法,它们的方法名相同,参数个数、类型不同,是典型的静态多态。这就是说同一个类中的多个构造方法也是可以构成重载的,这属于构造方法的重载。

三个add方法的方法名一样,但是参数类型都不一样,第一个add方法两个参数是整型,第二个add方法的参数是double型,第三个add方法的参数是float型,它们的方法名相同、参数个数相同,但是参数类型不同,符合重载的概念,这属于成员方法的重载。

11.4.2　动态多态的实现

动态多态,发生在不同的类中(可以是父类与子类,接口和实现类),方法名相同,方法参数的个数、类型、顺序完全相同,方法体不同。

【例程2】　定义父类Father,要求定义两个整型的属性i、j,定义带参构造,定义成员方法喝水drink。定义子类child,重写父类的drink方法。

```
/**
 * Father——本类作为Child的父类
 */
public class Father {
    int i, j;
    // 构造方法
    public Father(int i, int j) {
        this.i = i;
        this.j = j;
    }
    // 返回父类喝水的数量
    public int drink() {
        System.out.println("Father的方法 drink():");
        return i + j;
    }
}
/**
 * Child——动态多态,本类作为Father的子类
 */
public class Child extends Father {
    // 通过super(i, j)调用父类的构造
    public Child(int i, int j) {
        super(i, j);
    }
    // 重写父类drink方法,返回子类喝水的数量
    @Override
```

```
public int drink() {
    System.out.println("Child 重写的方法 drink():");
    return i * j;
}
}
/**
 * FatherTest——本类作为测试类,测试不同的实例调用哪个方法
 */
public class FatherTest {
    public static void main(String[] args) {
        Father father = new Child(3, 4);
        // 调用子类 Child 重写的 drink()方法
        System.out.println(father.getClass() + "喝水杯数" + father.drink());
    }
}
```

子类中的 drink()方法和父类中的 drink()方法的方法头完全一样,包括方法名、返回、参数,但是方法体不同,子类的 drink()方法首先输出 Child 重写的方法 drink(),然后返回 i*j 表示子类喝水的杯数。同一个 drink()方法,位于父类和子类中,实现的过程不一样,称为重写,它是动态多态的一种。

知识拓展

在 main 方法中创建 Father 的对象 father,赋值号右侧调用其子类 child 的构造完成初始化。这就是使用父类类型的引用指向子类的对象,但是反过来是不可以的,父类对象可以调用不同子类的构造来完成初始化,这样父类中定义的方法在不同的子类中的实现过程是不一样的,从而扩展了程序的功能。但是子类对象是不能调用父类构造来完成初始化的。

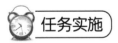

任务情境11.1

定义一个立方体类(Cube),具体要求如下:

(1)定义三个属性分别表示一个立方体的长、宽、高。

(2)提供无参的构造方法和一个带参的构造方法。

(3)用重载技术定义方法 calculate,传递两个参数时用于求出该立方体某个面的面积;传递三个参数时用于求出该立方体的体积。

引导问题1   如何进行构造方法的重载?

_____

_____

_____

引导问题2 需要定义几个calculate实现方法的重载,参数列表如何定义?

_____

_____

_____

编写程序,调试运行后的结果如图11.2所示。

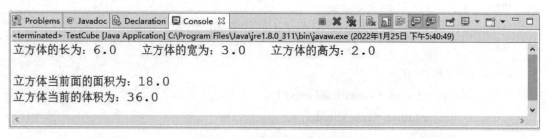

图11.2 任务情境11.1运行结果

任务情境调试记录可以记录在表11.1中。

表11.1 任务情境11.1调试记录

序号	错误或异常描述	解决方案	备注
1			
2			
3			
4			
5			

任务情境11.2

定义图形类(Shape),再定义两个子类圆形类(Circle)、矩形类(Rectangle),具体要求如下:

(1) 图形类有求周长、求面积和显示图形信息的功能。

(2) 圆形类包含圆心和半径两个属性,重写求周长和求面积的方法。

(3) 矩形类包含长和宽两个属性,重写求周长和求面积的方法。

引导问题1 图形类中求面积、求周长的方法如何定义比较合适?

_____

_____

_____

引导问题2 圆形类中应该如何重写求面积和求周长的方法?

_____

_____

_____

引导问题3 矩形类中应该如何重写求面积和求周长的方法?

_____

编写程序,调试运行后的结果如图11.3所示。

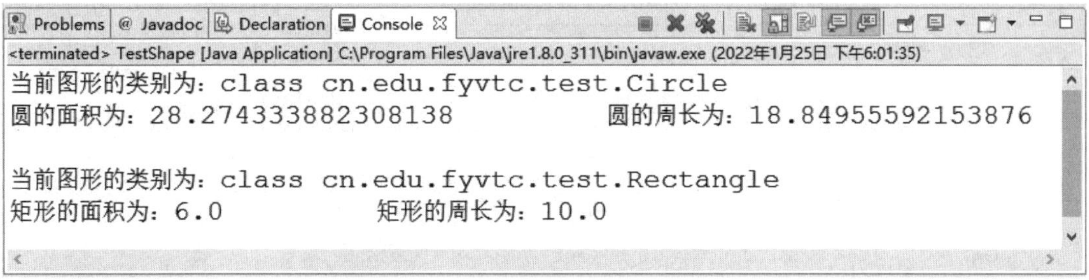

```
Problems @ Javadoc Declaration Console ⋈
<terminated> TestShape [Java Application] C:\Program Files\Java\jre1.8.0_311\bin\javaw.exe (2022年1月25日 下午6:01:35)
当前图形的类别为: class cn.edu.fyvtc.test.Circle
圆的面积为: 28.274333882308138          圆的周长为: 18.84955592153876

当前图形的类别为: class cn.edu.fyvtc.test.Rectangle
矩形的面积为: 6.0          矩形的周长为: 10.0
```

图11.3　任务情境11.2运行结果

任务情境调试记录可以记录在表11.2中。

表11.2　任务情境11.2调试记录

序号	错误或异常描述	解决方案	备注
1			
2			
3			
4			
5			

评价与考核

课程名称:Java程序设计		授课地点:		
任务11:多态		授课教师:		授课时数:
课程性质:理实一体		综合评分:		
知识掌握情况得分(35分)				
序号	知识点	教师评价	分值	得分
1	多态的概念		5	
2	多态的意义		5	
3	多态的分类		10	
4	多态的实现过程		15	
工作任务完成情况得分(65分)				
序号	能力操作考核点	教师评价	分值	得分
1	能够熟练地进行构造方法的重载		10	
2	能够按照具体要求进行成员方法的重载		15	
3	能够按照要求正确地在父类中完成需要被重写方法的定义		20	

续表

4	按照要求熟练正确地在子类中重写父类方法		20	
违纪扣分(20分)				
序号	违纪描述	教师评价	分值	扣分
1	迟到、早退		3	
2	旷课		5	
3	课上吃东西		3	
4	课上睡觉		3	
5	课上玩手机		3	
6	其他违纪行为		3	

 任务小结

　　多态的特性主要针对方法,是同一个方法的不同实现形态。现实中,比如我们按下F1键这个动作,如果当前在Flash程序下,弹出的就是AS3的帮助文档,如果当前在Word下,弹出的就是Word帮助,如果在Windows下,弹出的就是Windows帮助和支持,同一个事件发生在不同的对象上会产生不同的结果。

　　马克思主义认为辩证法的实质和核心是矛盾的对立与统一关系,个性和共性是对立的。我们可以把多态理解成个体所拥有的个性,而共性又存在于个性之中,个性表现着共性,并丰富着共性,无个性则无共性。因此,我们在面向对象的世界中不但要注意各个事物所包含的共性,尤其要注意每个事物所特有的个性。只有把这两方面很好地结合起来,才能对事物有全面正确的认识和恰当的处理方法。

 任务测试

选择题

1. 面向对象的多态特性是指(　　　)。

　　A. 一个对象可以由多个其他对象组合生成

　　B. 一个类可以有多个子类

　　C. 同一个父类派生出的子类对象或者某个接口的不同实现类对象可以根据情况选择适合自己的方式来处理某个业务

　　D. 一个对象在不同的场景下可以有不同的变体

2. 以下哪个选项和其他三个不构成方法的重载?(　　　)

　　A. public void test(int a,float b,double c){}

　　B. public int test(int a,float b,double c){return 0;}

　　C. public void test(double c,int a,float b){}

    D. public void test(int a,char c){}

3. 下列哪个选项是正确的?( )

    A. 构造方法可以重写,不能重载

    B. 构造方法不能重写,可以重载

    C. 构造方法可以重写,可以重载

    D. 构造方法不能重写,不能重载

4. 下列哪个选项可以体现方法重载的优点?( )

    A. 减少同一个类中方法的个数

    B. 实现多态的特性

    C. 优化代码组织,提高程序的可读性

    D. 加快程序运行的速度

简答题

1. 多态特性的原理是什么? 为什么要使用多态?

_____

_____

_____

_____

2. 简述方法重载与重写的区别。

_____

_____

_____

_____

程序设计题

1. 设计一个汽车类(Vehicle),具体要求如下:

(1) 定义两个属性:车轮个数和车辆重量,定义两个构造方法:一个不带参,一个带参,定义介绍车辆属性的introduce方法。

(2) 定义子类轿车(Car),新增属性载人数量,定义构造方法,并重写父类的introduce方法介绍轿车的所有属性。

(3) 定义子类卡车类(Truck),新增属性载重量payload,定义构造方法,并重写父类的introduce方法介绍卡车的所有属性,编写测试类测试不同子类中重写的方法。

2. 设计教师类(Teacher),具体要求如下:

(1) 定义属性姓名、年龄、职称,定义构造方法为所有属性赋值,定义授课的方法teaching。

(2) 定义三个子类教授(Professor)、副教授(AssociateProfessor)、讲师(Lecturer)。在三个子类中都重写父类的teaching方法,不同类型的教师采用教学方法不同,编写测试类测试不同子类中重写的方法。

任务12 最终类、抽象类与接口

本章实验

最终类、抽象类和接口也是面向对象编程中不可或缺的部分。虽然用final修饰类或方法会消除它们面向对象的特征,但通过这种方式牺牲其扩展能力可以获得诸如安全性的好处。抽象类和接口都是为了向上转型而存在的,抽象类为其子类定义了规则,将它的操作交给子类完成,而接口则实现了动态多态。本次任务介绍最终类、抽象类、接口的相关概念及用法。

学习目标

（1）理解并掌握最终类、最终方法的概念和使用；
（2）理解并掌握抽象类的相关概念和使用；
（3）熟练掌握接口的概念及意义、接口的声明和使用过程；
（4）理解接口和抽象类的区别；
（5）掌握面向接口的编程思想。

知识准备

12.1 最 终 类

最终类是指在class前加上修饰符final,表示该类是最终的。它的特点是不能被继承。
final class 类名{
　　……
}
最终方法是指在定义方法时,在方法的返回类型前加上final修饰,最终方法的特点是不能被重写(覆盖)。
final 返回类型 方法名([参数列表]){
　　……

```
}
```

从定义可以看出,最终类和最终方法是不符合面向对象中的继承和多态等特性的。但正是因为牺牲了这些特性换来了高安全性和标准化。有时我们需要编写执行各种与身份验证和密码相关功能的类,并且我们不希望任何人对其进行更改,可以将其定义成最终类以确保安全性。对于某些类用其来执行一些标准功能,而不是要对其进行修改,比如java.lang包中的Math类里定义了大量关于数学运算的方法和常量值,诸如sin、cos、PI、e等,这些都是经过推导证明成立的定理或公式,不需要再修改或重写,已经很完美了,所以像Math这样的类也被定义成最终类。最终类、最终方法的使用见下面两个例子。

定义一个类B,让它去继承最终类A。这将会产生错误,因为最终类是不能继承的。

```
final  class  A{
    ......
}
class B extends A{
    ......
    //继承最终类将产生错误
}
```

定义普通类A,创建一个最终方法show输出HelloWorld。定义普通类B继承A,然后重写父类A中的show方法,这也会报错,因为最终方法是不允许被重写(覆盖)的。

```
public  class  A{
    public final void show(){
    System.out.println("Hello World!");
    }
}
class B extends A{
    //覆盖最终方法将产生错误
    public void show(){
    ......
    }
}
```

知识拓展

最终类很少单独使用,一些提供标准功能的系统类或者对安全性级别要求比较高的类一般定义为最终类。最终类中可以有最终方法,也可以没有。

12.2 抽 象 类

抽象类是指在 class 前加上修饰符 abstract,它的特点是不能创建实例(对象)。

```
abstract class 类名{
    ……
}
```

抽象方法是指在返回类型前加上修饰符 abstract,抽象方法没有方法体,它的方法体用一个分号代替。

```
abstract 返回类型  方法名([形参列表]);
```

从语法格式里可以看出,抽象方法的方法头和普通方法一致,包括返回类型、方法名、参数列表,唯一的区别是它没有方法体。

抽象类不能直接使用,一般通过定义子类继承抽象类并重写抽象类中所有的抽象方法,然后通过子类来使用抽象类的功能。这是因为抽象类本身不具体,里面包含没有方法体的抽象方法,提供的成员不足以生成一个具体对象。就好比我们可以实例化一个香蕉,但不能实例化一个水果,因为水果是一个相对抽象的概念。下面通过一个简单的例子看一下抽象类和抽象方法的使用。

```java
public  abstract class DefaultPrinter {
    public abstract void print(String document);
}
public class MyPrinter extends DefaultPrinter{
    @Override
     public abstract void print(String document){
        System.out.println("正在打印文档…");
        System.out.println(document);
    }
}
```

知识拓展

抽象类的作用是提供方法声明与方法实现分离的机制,使各子类表现出共同的行为,为子类提供一个设计模板。一个类中如果定义了抽象方法,这个类必须定义为抽象类,但抽象类中可以没有抽象方法。

【例程1】 定义一个抽象的交通工具类,并定义抽象方法,表示交通工具可以移动。定义子类汽车、飞机、轮船,并重写其移动方法为"汽车在公路上跑""飞机在天上飞""轮船在水里游"。

```java
public abstract class Vehicle {
```

```java
        public abstract void move();
}
public class Car extends Vehicle {
    @Override
    public void move() {
        System.out.println("汽车在公路上跑");
    }
}
public class Plane extends Vehicle {
    @Override
    public void move() {
        System.out.println("飞机在天上飞");
    }
}
public class Ship extends Vehicle {
    @Override
    public void move() {
        System.out.println("轮船在水里游");
    }
}
```

12.3　接　　口

12.3.1　接口的概念与意义

接口由抽象方法加常量构成,也就是说接口中的所有的成员方法全部都是抽象方法,接口中所有的属性都是常量。接口用来定义行为规范,将方法的声明和实现分割开。在接口中规定大家必须要做哪些事情,然后在接口的实现类里分别实现这些要实现的抽象方法,不同的实现类里有不同的方法实现,从而表现出多态性,如图12.1所示。

抽象 方法　+　常量　=　接口

图12.1　接口示意图

接口的作用主要体现在3个方面。

(1) 横向拓展类的功能,实现多继承。

前面我们学过的继承是单继承,也就是一个类只能有一个直接父类,通过一层一层的

继承,类的功能只能纵向拓展。而Java规定一个类可以同时实现多个接口,每个接口定义大量的抽象方法,这样该类通过实现不同接口中的抽象方法可以对类的功能做横向的拓展。

这就相当于一个人一生只能有一个父亲,从父亲那继承过来的方法毕竟有限。但是一个人一生可以有很多的老师,从幼儿园到大学,我们可以从不同的老师那里学到不同的技能。每一个老师就相当于一个接口,通过类的继承加实现多个接口的方式来全面拓展类的功能。

(2) 减少继承形成的树形结构的层次,降低系统维护的复杂性。

类的继承是纵向的,继承会形成树形结构的严格的层次关系,层数越多,灵活性越小,系统维护越复杂。采用接口会使这些问题迎刃而解。

(3) 正确使用面向接口的编程思想,提高系统的可扩展性及可维护性。

比如我们要做一个画板程序,定义了一个面板类,主要负责绘画功能。可是过了一段时间发现绘画的功能不能满足需要了,需要重新设计这个类,然后在别的地方引用,这样修改起来很麻烦。如果我们一开始定义一个接口,把绘制功能放在接口里,以后要换的话只不过是引用另一个类而已,这样就达到维护、扩展的方便性。

12.3.2　接口的声明和使用

(1) 接口的声明。

在使用接口之前我们要先声明一个接口。声明接口时,使用interface关键字,接口中的属性都是常量,接口中的方法全部都是抽象方法,接口名的命名规则和类名的命名规则相同。接口的结构如下:

[public] interface 接口名{

　　　　[public static final] 数据类型　常量名;

　　　　[public abstract] 返回类型 方法名([形参列表]);

　　}

在定义接口中的常量时应该用默认修饰符 public static final,定义抽象方法时用默认修饰符 public abstract,方法体用分号代替,只不过在接口中可以省去常量、方法声明的修饰符。

知识拓展

在定义接口时,并不是所有的接口都要定义抽象方法和常量,有的接口作为一个行为规范可能只需定义抽象方法就可以了,有的接口是专门用来提供常量的,那么它就不需要去定义抽象方法了。

(2) 接口的实现。

由于接口是对方法的抽象,也是不能实例化对象的,所以我们需要定义实现类来实现接口。实现类的定义和普通类差不多,需要通过 implements 关键字指明要实现的接口。这里要注意一个实现类可以实现多个接口,在实现类中实现接口里定义的全部的抽象方法,为它们加上方法体。实现类的结构如下:

[类修饰符] class 类名 implements 接口名{

```
        //覆盖接口中的抽象方法
        @Override
        返回类型 方法名([形参列表]){
            ……
        }
            ……
}
```

（3）接口的使用。

接口的使用需要调用接口实现类的构造方法完成接口变量的初始化,然后再去使用实现之后的接口中的方法。下面通过一个具体的例子看一下接口的使用。

【**例程2**】　定义一个USB接口,所有接入该接口的设备都要遵守相应的规范:USB接口的工作电压为5V,工作电流为500mA,首先插入接口,然后安装驱动,接下来开始工作,最后弹出设备。为USB接口定义两个实现类手机Cellphone和摄像头USBcamera,模拟USB设备的工作过程。

```
/**
 * 定义USB接口
 */
public interface USB {
    double V = 5; // 工作电压
    double A = 500; // 工作电流
    // 插入接口
    public void plugIn();
    // 安装驱动
    public void installDriver();
    // 开始工作
    public void startWork();
    // 弹出设备
    public void popupDevice();
}
/**
 * 定义实现类Cellphone
 */
public class Cellphone implements USB {
    @Override
    public void plugIn() {
        System.out.println("手机插入USB接口");
    }
```

```java
    @Override
    public void installDriver() {
        System.out.println("安装手机驱动…");
    }
    @Override
    public void startWork() {
        System.out.println("手机开始工作…");
    }
    @Override
    public void popupDevice() {
        System.out.println("弹出手机");
    }
}
/**
 * 定义实现类 USBCamera
 */
public class USBCamera implements USB {
    @Override
    public void plugIn() {
        System.out.println("摄像头插入USB接口");
    }
    @Override
    public void installDriver() {
        System.out.println("安装摄像头驱动…");
    }
    @Override
    public void startWork() {
        System.out.println("摄像头开始工作…");
    }
    @Override
    public void popupDevice() {
        System.out.println("弹出摄像头");
    }
}
```

知识拓展

有的程序中将所有用到的常量集中起来放到一个接口中,该接口中没有任何方法,实现该接口只是为了使用常量,这种特殊的接口称为常量接口。

```
/**
 * 定义常量接口
 */
public interface Constants{
    [public static final] int FAILURE=0;
    [public static final] int SUCCESS=1;
}
/**
 * 在实现类中使用接口中定义的常量
 */
public class UseConstants implements Constants{
    int k;
    ……
    if(k==SUCCESS){
    ……
    }
}
```

12.3.3 接口和抽象类的区别

抽象类和接口本质上都是类,只不过接口比抽象类更加抽象,它们的区别主要体现在这样几个方面:

(1)定义抽象类用的是class关键字,定义接口用的是interface关键字。抽象类的成员修饰符为public和protected,接口成员的修饰符是public abstract和public static final,这些都是比较直观的区别。

(2)从用法上来讲,抽象类用来捕捉子类的通用特性,不能被实例化,被用来作为创建子类的模板。抽象类是类的抽象,它和子类之间符合is-a的关系。接口是抽象方法的集合。如果一个类实现了某接口,那么它就必须覆盖此接口中所有的抽象方法。接口是对行为的抽象,它和实现类之间符合like-a的关系,也就是接口的不同实现类中实现的这些抽象方法很相似(方法头都一样),但又不同(方法体不一样)。

(3)综合起来就是抽象类是为了继承而存在的,如果定义了一个抽象类而不去继承它,那么等于白白创建了这个抽象类,因为它不能做其他事情了。而接口是为了多态而存在的,在接口的不同实现类中方法的实现是各不相同的。

12.4 面向接口的编程思想

所谓面向接口的编程思想是指在进行实际应用系统开发过程中,厘清系统的层次和依赖关系,每个层次不是直接向其上层提供服务,而是通过定义一组接口,仅向上层暴露其接口功能,上层对于下层仅仅是接口依赖,而不依赖具体类,很多主流的设计模式、框架都是以接口作为基础的。这样做有以下两个好处:

(1) 提高了系统设计的灵活性。当下层需要改变时,只要接口及接口的功能不变,上层无需任何修改,甚至可以在不改动上层代码的情况下直接替换掉下层。比如我们将某台计算机中500G的固态硬盘替换成1T的新硬盘,只需把原硬盘拔下来、新硬盘插上就行了,因为计算机其他部件不依赖某块硬盘,只是依赖一个SATA接口,只要硬盘实现了这个接口,就可以替换上去。

(2) 不同层次的开发人员可以并行工作,极大地提高了开发的效率。就像我们在设计生产一台计算机时,硬盘的研发生产不用等到CPU制造出来,只要接口一致,设计合理,完全可以做到并行开发,最后组合成功能完善的产品。

在这里要注意"面向接口的编程思想"中的"接口"比interface具有更深的内涵,interface仅仅是指一种具体的代码结构,而"面向接口的编程思想"中的"接口"是一种从软件架构的角度看那种用于隐藏具体底层类和实现多态性的结构部件。面向接口编程和面向对象编程并不是平级的,而是面向对象思想体系的一部分,是面向对象编程体系中的思想精髓之一。

面向接口的编程思想分别从抽象接口、实现接口和使用接口三个层面实现,通过下面的例子进行学习。

【例程3】 每一家造车企业都秉承自己的初心打造高质量的产品,让中国制造走向世界。不同车企生产的汽车都有自己的特色,并在车展上发布出来,使用面向接口的编程思想来模拟这样一个过程。

```java
/**
 * 抽象出生产汽车的标准接口
 */
public interface MakeCar {
    public void car();
}
/**
 * 吉利汽车
 */
public class Geely implements MakeCar {
    @Override
    public void car() {
```

```java
        System.out.println("吉利,开创世界汽车安全技术新格局");
    }
}
/**
 * 比亚迪汽车
 */
public class BYD implements MakeCar {
    @Override
    public void car() {
        System.out.println("比亚迪,成就你的梦想");
    }
}
/**
 * 长安汽车
 */
public class Chana implements MakeCar {
    @Override
    public void car() {
        System.out.println("科技长安,智慧相伴");
    }
}
/**
 * 车展
 */
public class AutoShow {
    /**
     * 展出不同品牌的汽车
     * @param mCar,传入接口
     */
    public void show(MakeCar mCar) {
        mCar.car();
    }
}
/**
 * 测试类
 */
public class TestCar {
```

```
    public static void main(String[] args) {
        // 创建车展
        AutoShow aShow = new AutoShow();
        aShow.show(new Geely());
        aShow.show(new BYD());
        aShow.show(new Chana());
    }
}
```

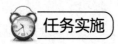任务实施

任务情境12.1

定义一个抽象类人(Person),定义两个子类教师(Teacher)、学生(Student),具体要求如下:

(1)人有name,age,sex三个属性,定义构造方法为三个属性赋值,重写描述信息的方法toString,输出三个属性值。

(2)定义两个抽象方法work和hello。

(3)教师的work方法实现打印"教书育人",hello实现打印"同学们好"的功能;学生的work方法实现打印"认真学习",hello实现打印"老师好"的功能。编写测试类测试相关功能。

引导问题1　抽象类能不能定义构造方法?如何定义?

_____

_____

_____

引导问题2　如何在抽象类中定义抽象方法?

_____

_____

引导问题3　如何在不同的子类中使用抽象类Person中定义的抽象方法?

_____

_____

_____

编写程序,调试运行后的结果如图12.2所示。

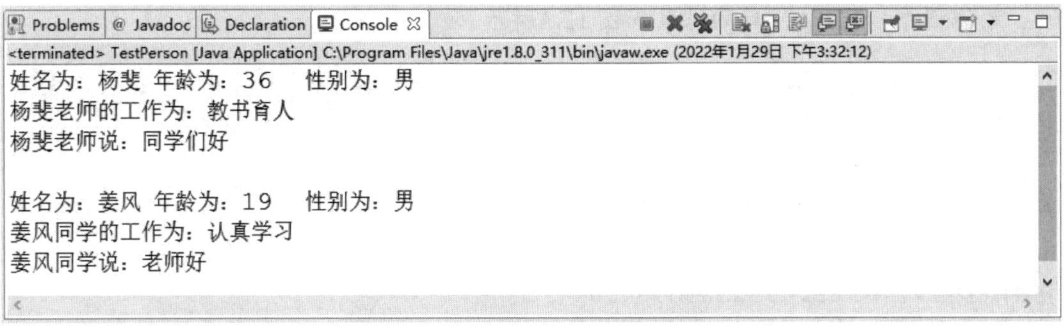

图12.2 任务情境12.1运行结果

任务情境调试记录可以记录在表12.1中。

表12.1 任务情境12.1调试记录

序号	错误或异常描述	解决方案	备注
1			
2			
3			
4			
5			

任务情境12.2

定义图形接口（Shape）、圆类（Circle）、圆柱体类（Cylinder），具体要求如下：

（1）Shape接口包含属性PI，求面积的方法area()。

（2）Circle类实现Shape接口，包含属性radius，定义构造方法，实现求面积的area()方法，新增求周长的perimeter()方法。

（3）圆柱体类Cylinder继承Circle类，包含属性height，定义构造方法，实现求表面积的area()方法，新增求体积的volume()方法。编写测试类测试相关功能。

引导问题1 接口中的属性应该如何定义？

引导问题2 实现类中如何实现接口中的抽象方法？

引导问题3 圆柱体中的area()方法用来求表面积，能不能直接从圆类中继承？应该如何设计该方法？

编写程序,调试运行后的结果如图12.3所示。

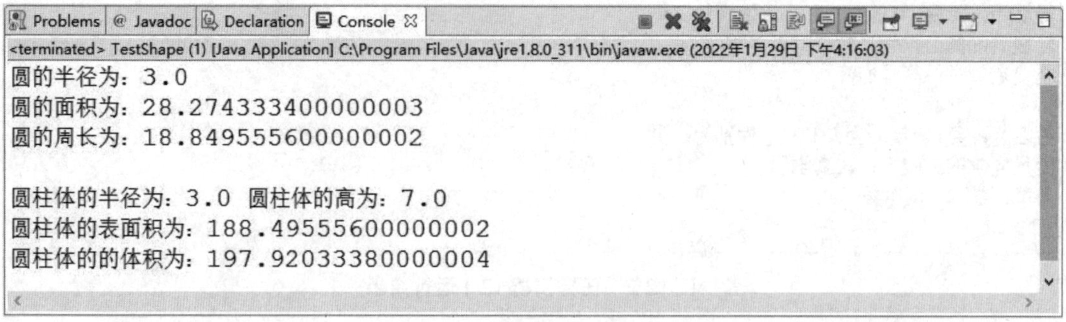

```
Problems  @ Javadoc  Declaration  Console ✕          ■ ✕ ✖ | ► ► ► ► | ► ► | ► ► ▼ ► ▼ ▼ □ □
<terminated> TestShape (1) [Java Application] C:\Program Files\Java\jre1.8.0_311\bin\javaw.exe (2022年1月29日 下午4:16:03)
圆的半径为: 3.0
圆的面积为: 28.274333400000003
圆的周长为: 18.849555600000002

圆柱体的半径为: 3.0  圆柱体的高为: 7.0
圆柱体的表面积为: 188.49555600000002
圆柱体的的体积为: 197.92033380000004
```

图12.3　任务情境12.2运行结果

任务情境调试记录可以记录在表12.2中。

表12.2　任务情境12.2调试记录

序号	错误或异常描述	解决方案	备注
1			
2			
3			
4			
5			

评价与考核

课程名称:Java程序设计		授课地点:		
任务12:最终类、抽象类与接口		授课教师:		授课时数:
课程性质:理实一体		综合评分:		
知识掌握情况得分(35分)				
序号	知识点	教师评价	分值	得分
1	最终类、最终方法的概念和使用		5	
2	抽象类的相关概念和使用		5	
3	接口的概念及意义、接口的声明和使用过程		9	
4	接口和抽象类的区别		7	
5	面向接口的编程思想		9	
工作任务完成情况得分(65分)				
序号	能力操作考核点	教师评价	分值	得分
1	能够熟练地在抽象类中定义抽象方法		10	
2	能够熟练地定义子类继承抽象类并重写抽象类中的方法		10	

续表

3	能够正确地定义接口中的属性		10	
4	能够熟练地定义接口实现类并实现接口中的方法		15	
5	能够综合使用接口、继承、方法的重写等技术按照要求实现业务逻辑		20	
违纪扣分（20分）				
序号	违纪描述	教师评价	分值	扣分
1	迟到、早退		3	
2	旷课		5	
3	课上吃东西		3	
4	课上睡觉		3	
5	课上玩手机		3	
6	其他违纪行为		3	

 任务小结

　　"道生一，一生二，二生三，三生万物"，直到接口的出现才使这句话得到印证。硬件自20世纪40年代就通过冯·诺依曼体系结构遵守着"道"，软件在50年之后才有了面向对象，而后在21世纪初才有了接口，软件组成结构性的缺失使得软件总是在变。直到接口的出现，实现了代码逻辑的整体性，才使软件回归了本原的组成部分。

　　面向接口的编程思想是目前应用系统开发的热点，Spring、Spring MVC、Spring Boot等主流框架都是基于接口的实现。面向接口松耦合、可插入、隔离变化等特点，同一个项目组不同成员间、不同项目组之间、不同产品间可以通过定义的接口实现异步开发，极大地提高了产品升级维护的方便性，所以深受开发人员的喜爱。大家学习时应该在充分理解接口的基础上，多看、多想、多写，慢慢形成定义和实现分离的面向接口编程思想。

 任务小结

选择题

1. 下列关于最终类的说法，正确的是（　　　）。

　　A. 最终类可以被继承

　　B. 最终类中必须包含最终方法

　　C. 最终类一般用于执行一些标准功能

　　D. 最终类忠实地实现了面向对象程序设计的三大特征

2. 下列关于抽象类的说法,正确的是(　　　)。

    A. 抽象类指有具体对象的一种概念类

    B. 抽象类不能被继承

    C. 抽象类中的方法必须要用 abstract 修饰

    D. 抽象类不是一种完整的类

3. 下列关于接口的说法,不正确的是(　　　)。

    A. 接口中所有的方法都是抽象的

    B. 接口是 Java 中的特殊类,包含常量和抽象方法

    C. 接口中所有的方法都是 public 访问权限

    D. 子接口继承父接口所用的关键字是 extends

4. Java 中接口间的继承关系是(　　　)。

    A. 多继承　　　　　　　　　　B. 单继承

    C. 不能继承　　　　　　　　　D. 不一定

5. 一个类实现接口的情况是(　　　)。

    A. 一次可以实现多个接口　　　B. 一次只能实现一个接口

    C. 不一定　　　　　　　　　　D. 不能实现接口

简答题

1. 简述抽象类和抽象方法之间的关系。

_____

_____

_____

_____

2. 请回答接口和抽象类的区别有哪些。

_____

_____

_____

_____

程序设计题

1. 定义表示形状的抽象类(Shape)、表示三角形的子类(Triangle)、表示圆形的子类(Circle),具体要求如下:

(1) Shape 类中包含私有属性 color,为 color 创建 set/get 方法,定义构造方法为 color 赋值,定义抽象 perimeter()方法用于求图形的周长。

(2) Triangle 类包含属性三条边 a、b、c,定义构造方法为三条边赋值,并在构造方法中输出给定的三条边能不能构成三角形的提示,实现三角形求周长的方法。

（3）Circle 类中包含半径 radius，定义构造方法为该属性赋值，实现圆形求周长的方法。

（4）编写测试类进行相关功能的测试。

2. 使用面向接口的思想实现以下需求：

（1）乐器（Instrument）分为钢琴（Piano）、小提琴（Violin）、萨克斯（Saxophone），不同乐器的演奏（play）方法各不相同。

（2）创建测试类 TestInstrument，定义演奏测试 testPlay() 方法，对各种乐器进行弹奏测试，依据乐器的不同进行相应的演奏。

（3）在 main() 方法中创建不同的乐器对象，通过 testPlay() 的弹奏测试方法进行测试。

项目4 Java异常处理的机制

　　本项目主要介绍Java异常处理的原理、异常处理的结构、捕获并处理异常、抛出异常的方法以及异常处理的原则。

　　◇ 任务13　Java异常处理的机制
　　◇ 任务14　Try-Catch-Finally处理异常
　　◇ 任务15　主动抛出异常

任务 13　Java异常处理的机制

本章实验

软件开发中一个古老的说法是:80%的工作使用20%的时间,80%是指检查和处理错误所付出的努力。在许多语言中,编写检查和处理错误的程序代码很乏味,并使应用程序代码变得冗长。原因之一就是它们的错误处理方式不是语言的一部分。尽管如此,错误检测和处理仍然是任何健壮应用程序最重要的组成部分。Java提供了异常处理机制,它的优秀之处在于不用编写特殊代码检测返回值就能很容易地检测错误。而且它让我们把异常处理代码明确地与异常产生代码分开,代码变得更有条理。异常处理也是Java中唯一正式的错误报告机制。本次任务学习Java异常处理的机制。

学习目标

（1）理解异常处理的机制；
（2）掌握异常的分类。

知识准备

13.1　异常的概念

编写Java程序时,编译过程中能够发现很多错误,但有些问题只能在程序运行的时候才能发现。一旦出现错误问题,程序将终止,返回到操作系统。

异常就是在程序的运行过程中所发生的不正常的事件,它会中断正在运行的程序。产生异常的主要原因如下:

（1）Java内部错误发生异常,Java虚拟机产生的异常。

（2）编写的程序代码中的错误所产生的异常,例如除数为零、空指针异常、数组越界异常、需要的文件找不到等。

（3）通过throw语句手动生成的异常,一般用来告知该方法的调用者一些必要信息。

例如下面这段程序，x 赋初值 6，y 赋初值 0，当执行到 z =x/y;，程序会出现异常。

5	int x,y,z;
6	x = 6;
7	y = 0;
8	z = x/y;

这段程序在运行之后就会在控制台中出现图 13.1 所示的异常提示。第一行 Exception in thread "main" 表示 main 线程中产生了异常。java.lang.ArithmeticException:/by zero 表示产生的异常对象为定义在 java.lang 包中的 ArithmeticException 算术异常，产生的原因是"by zero"除数为零。

第二行表示产生异常的位置在包"task13"中的"Exceptiondemo1"类中的 main 函数中，位于源程序文件 Exceptiondemo1.java 的第 8 行。

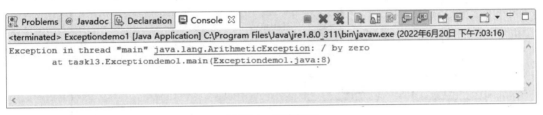

图 13.1　异常提示

程序出现了异常，会打乱原先的执行顺序，得不到预期的运行结果。所以，需要在程序中进行异常处理。异常处理把程序功能代码与异常处理代码分开，集中处理异常，使得整个程序代码更有条理，也减少了编程代码。

13.2　异常处理的机制

异常处理，就是在程序中预先设计好对异常的处理方法，当程序运行出现异常时，对异常进行处理，处理完毕，程序继续运行。

Java 通过面向对象的方法来处理异常。在一个方法的运行过程中，如果发生了异常，则这个方法会产生代表该异常的一个对象，并把它交给运行时的系统，运行时系统寻找相应的代码来处理这一异常。

我们把生成异常对象，并把它提交给运行中的系统的过程称为抛出(throw)异常。运行时系统在方法的调用栈中查找，直到找到能够处理该类型异常对象的方法，并将异常对象交给该方法，这一个过程称为捕获(catch)异常。

如图 13.2 所示，程序按照流程往下执行，当碰到发生异常的语句时，会抛出一个某种异常类的对象，比如除数为零时的 ArithmeticException 对象、数组下标越界时的 IndexOutOf-BoundsException 对象。

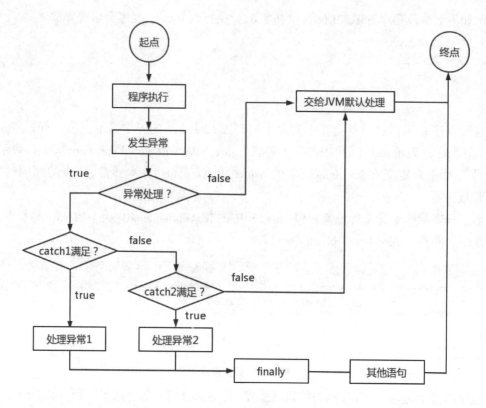

图13.2　异常处理流程

如果此时程序中没有设置用于捕获并处理异常对象的代码块,这时,抛出的异常对象交给JVM来处理。Java虚拟机会中断当前程序的执行,程序到此结束。这肯定不是我们想要的结果。

另外一种情况就是,如果此时程序中设置了多个用于捕获并处理不同类型异常的catch语句块,那么当异常对象产生时,分别由不同的catch语句块进行测试,如果某一个catch语句块正好能捕获并处理这种异常,那么该异常对象进入相应的catch语句块并进行处理,处理完了,如果还设置finally语句块的话,会继续执行finally语句块中的语句,接着程序将继续执行。

如果产生的异常对象没能被所有的catch语句块捕获,那么产生的异常对象仍然交给Java虚拟机处理,整个程序的流程结束。

13.3　异常的分类

Java中异常由类来表示。所有异常类型都是内置类 java.lang.Throwable 类的子类,即Throwable位于异常类层次结构的顶层。Throwable指定代码中可用异常传播机制通过Java应用程序传输的任何问题的共性。

图13.3展示了Java异常类的继承关系。

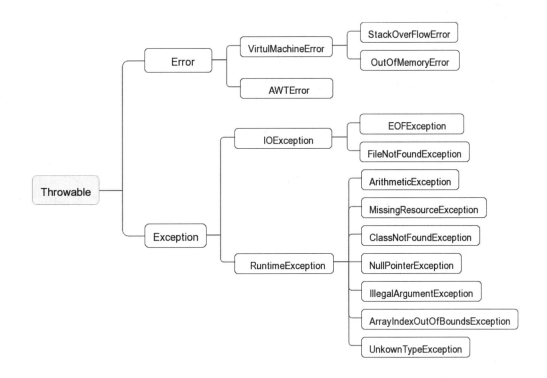

图13.3　异常类的继承结构

Throwable 有两个直接子类：Exception（异常）和 Error（错误），二者都是 Java 异常处理的重要子类，各自都包含大量子类。

Error（错误）：是程序无法处理的错误，表示运行应用程序中有较严重问题。大多数错误与代码编写者执行的操作无关，而是代码运行时 JVM（Java 虚拟机）出现的问题。例如，Java 虚拟机运行错误（Virtual MachineError），当 JVM 不再有继续执行操作所需的内存资源时，将出现 OutOfMemoryError。这些异常发生时，Java 虚拟机（JVM）一般会选择线程终止，也就是结束整个程序的运行。

Exception（异常）：是程序本身可以处理的异常。Exception 这种异常分两大类：运行时异常和非运行时异常（编译异常）。程序中应当尽可能去处理这些异常。

运行时异常：是 RuntimeException 类及其子类异常，如 NullPointerException（空指针异常）、IndexOutOfBoundsException（下标越界异常）等，这些异常是不可查异常，程序中可以选择捕获处理，也可以不处理。这些异常一般是由程序逻辑错误引起的，程序应该从逻辑角度尽可能避免这类异常的发生。

运行时异常的特点是 Java 编译器不会检查它，也就是说，当程序中可能出现这类异常，即使没有用 try-catch 语句捕获它，也没有用 throws 子句声明抛出它，也会编译通过。

非运行时异常（编译异常）：是 RuntimeException 以外的异常，类型上都属于 Exception 类及其子类。从程序语法角度讲是必须进行处理的异常，如果不处理，程序就不能编译通过。如 IOException、SQLException 等以及用户自定义的 Exception 异常。

任务实施

任务情境

阅读以下代码,并在Eclipse中运行:

```java
public class Test01 {
    public static void main(String[] args) {
        System.out.println("请输入您的选择:(1~3 之间的整数)");
        Scanner input = new Scanner(System.in);
        int num = input.nextInt();
        switch (num) {
        case 1:
            System.out.println("one");
            break;
        case 2:
            System.out.println("two");
            break;
        case 3:
            System.out.println("three");
            break;
        default:
            System.out.println("error");
            break;
        }
    }
}
```

引导问题1　当用户输入字母"a",程序执行结果是什么?

_____

_____

引导问题2　当输入非整数时,程序会出现什么类型的异常?

_____

_____

引导问题3　如果避免因出现异常导致程序终止,用你目前的知识,应该怎么修改此程序?

_____

任务情境调试记录可以记录在表13.1中。

表13.1 任务情境调试记录

序号	错误或异常描述	解决方案	备注
1			
2			
3			
4			
5			

评价与考核

课程名称:Java程序设计		授课地点:		
任务13:Java异常处理机制		授课教师:		授课时数:
课程性质:理实一体		综合评分:		
知识掌握情况得分(35分)				
序号	知识点	教师评价	分值	得分
1	异常的概念		10	
2	异常处理机制		10	
3	异常类型		15	
工作任务完成情况得分(65分)				
序号	能力操作考核点	教师评价	分值	得分
1	异常概念的理解		20	
2	异常处理方法		20	
3	异常类型的区分		25	
违纪扣分(20分)				
序号	违纪描述	教师评价	分值	扣分
1	迟到、早退		3	
2	旷课		5	
3	课上吃东西		3	
4	课上睡觉		3	
5	课上玩手机		3	
6	其他违纪行为		3	

任务小结

本次任务主要认识了异常的概念、异常处理机制和异常的分类。为了保证程序的健壮性,异常处理是必须且重要的,异常处理机制可以将程序功能代码和异常处理代码分开,保证程序代码更清晰。生活中我们也应该做到未雨绸缪,提前排查可能出现的问题及梳理问题的解决方法;遇到困难也应该勇于面对,积极想办法,不钻牛角尖,培养好性格。本次任务要求同学们对异常处理机制有个清晰的认识,理解它的重要性。

 **任务测试**

选择题

1. 一个异常将终止(　　)。
   A. 整个程序　　　　　　　　B. 产生异常的函数
   C. 抛出异常的方法　　　　　D. 上面的说法都不对

2. 异常是产生一个(　　)。
   A. 类　　　　B. 对象　　　　C. 方法　　　　D. Error

3. (　　)类是所有异常类的父类。
   A. Error　　　　　　　　　　B. Exception
   C. Throwable　　　　　　　　D. AWTError

4. (　　)用于找不到类或接口所产生的异常。
   A. ClassCastException　　　　B. InterruptedException
   C. IllegalArgumentException　　D. ClassNotFoundException

5. 运行下列代码会发生(　　)异常。
   String s=null;
   System.out.println(s.length());
   A. ArithmeticException
   B. NullPointerException
   C. ClassCastException
   D. NumberFormatException

6. (　　)是非运行时异常。
   A. FileNotFoundException
   B. NullPointerException
   C. ClassCastException
   D. NumberFormatException

简答题

1. Exception 和 Error 的区别是什么?

_____

_____

_____

_____

2. 简述异常处理机制。

_____

_____

_____

_____

3. 异常类分有哪几种？列举常用到异常类。

_____

_____

_____

_____

任务 14　try-catch-finally 处理异常

本章实验

　　Java 的异常处理通过 5 个关键字来实现：try、catch、throw、throws 和 finally。try-catch-finally 结构作为 Java 程序中常用的异常处理语句，能够捕获异常，并对异常作出处理，从而使程序在异常出现时能够正常结束。本次任务将介绍不同形式结构的 try-catch-finally 处理异常的方法。

学习目标

　　（1）掌握 try-catch 结构；
　　（2）掌握多重 catch 捕获异常；
　　（3）掌握 finally 语句的用法。

知识准备

14.1　try-catch-finally 异常处理语句结构

　　一个完整的异常处理结构应该包括 try、catch、finally 语句块。

```
try{
    语句…   //try语句块,可能会产生异常的代码
}
catch(异常对象){
    异常处理语句 //catch语句块,捕获并处理异常的代码
}
finally{
    语句  //finally语句块,释放资源的代码。无论是否发生异常,代码都会被执行
}
```

其中try语句块用于监控异常的发生,将那些可能会产生异常的语句放到try块中进行监控。其后可接零个或多个catch块,如果没有catch块,则必须跟一个finally块。

catch语句块用于捕获异常,然后,对异常进行所需的处理。在异常处理中,经常使用异常对象的方法进行相关处理。使用getMessage()方法返回关于发生的异常的详细信息,使用printStackTrace()方法打印调用堆栈的内容,指出异常的类型、性质、栈层次及出现在程序中的位置。

finally语句块表示无论是否捕获或处理异常,finally块里的语句都会被执行。主要放置一些释放资源的后续操作。

try-catch-finally结构的使用应遵循以下规则:

(1) 必须在try之后添加catch或finally块。try块后可同时接catch和finally块,但至少有一个块。

(2) 必须遵循块顺序:若代码同时使用catch和finally块,则必须将catch块放在try块之后。catch块与相应的异常类的类型相关。

(3) 一个try块可能有多个catch块。Java虚拟机会把实际抛出的异常对象依次和各个catch代码块声明的异常类型匹配,如果异常对象为某个异常类型或其子类的实例,就执行这个catch代码块,不会再执行其他的catch代码块。

(4) 可嵌套 try-catch-finally 结构。

(5) 在 try-catch-finally 结构中,可重新抛出异常。

(6) 除了下列情况外,总将执行finally语句作为结束:JVM过早终止(调用 System.exit (int));在 finally块中抛出一个未处理的异常;计算机断电、失火或遭遇病毒攻击。

14.2　try-catch-finally异常处理的执行流程

如图14.1所示,当try没有捕获到异常时,try语句块中的语句逐一被执行,程序将跳过catch语句块,执行finally语句块及其后的语句。

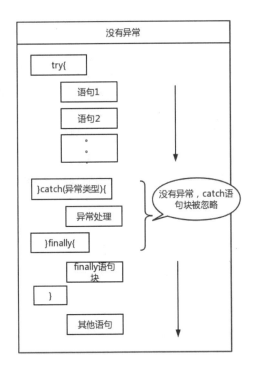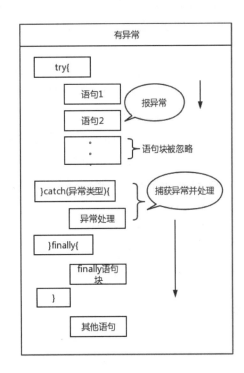

图14.1　异常处理的执行流程

当try捕获到异常时,此时又分为两种情况:

(1)当try捕获到异常,catch语句块里没有处理此异常的情况:当try语句块里的某条语句出现异常时,而没有处理此异常的catch语句块时,此异常将会抛给JVM处理,finally语句块里的语句还是会被执行,但finally语句块后的语句不会被执行。

(2)当try捕获到异常,catch语句块里有处理此异常的情况:在try语句块中是按照顺序来执行的,当执行到某一条语句出现异常时,程序将跳到catch语句块,并与catch语句块逐一匹配,找到与之对应的处理程序,其他的catch语句块将不会被执行,而try语句块中,出现异常之后的语句也不会被执行,catch语句块执行完后,执行finally语句块里的语句,最后执行finally语句块后的语句。

14.3　try-catch结构

try-catch结构是异常处理中最简洁、最核心的语句块,能够捕获异常,并进行必要的处理。

try-catch结构语法格式中try语句块里放置可能会发生异常的程序代码。唯一的catch语句块中放置捕获并处置try抛出的异常类型Type1的对象id1的方法。

```
try {
    // 可能会发生异常的程序代码
```

```
} catch (Type1 id1){
    // 捕获并处置try抛出的异常类型Type1 的对象id1
}
```

这里要注意异常匹配的原则是如果try语句块抛出的异常对象属于catch子句的异常类,或者属于该异常类的子类,则认为生成的异常对象与catch块捕获的异常类型相匹配,此时catch语句块能捕获到该异常,并对其进行处理,否则异常交由JVM处理。

【例程1】 try-catch语句处理异常举例。定义两个整形变量a、b,分别赋值6、0。将可能产生异常的除法运算放置在try语句块中。设置一个catch语句块用于捕获ArithmeticException e(算术异常的对象e),如果捕获到异常,则对异常进行处理,输出"程序出现异常,变量b不能为0。"

```java
public class TestException {
    public static void main(String[] args) {
        int a = 6;
        int b = 0;
            try {    // try 监控区域
                System.out.println("a/b的值是:" + a / b);
                //系统自动抛出"除数为0"的算术异常
            } catch (ArithmeticException e) { // catch捕捉异常
                System.out.println("程序出现异常,变量b不能为0。");
}
System.out.println("程序正常结束。");
    }
}
```

程序运行结果如图14.2所示。

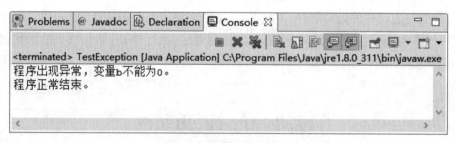

图14.2 例程1运行结果

14.4 多重catch语句

如果try代码块中发生的异常种类可能有很多,那么可以在try后面跟上多个catch代码块,每个catch语句块负责捕获一种异常类的对象。多catch代码块语法如下:

```
try {
    // 可能会发生异常的程序代码
} catch (Type1 id1) {
    // 捕获并处理try抛出的异常类型Type1的对象id1
} catch (Type2 id2) {
    // 捕获并处理try抛出的异常类型Type2 的对象id2
}
……
catch (Type n idn) {
    // 捕获并处理try抛出的异常类型Typen的对象idn
}
```

在多个catch代码块的情况下,当一个catch代码块捕获到一个异常时,其他的catch代码块就不再进行匹配。在使用多重catch结构处理异常时,一定要注意:如果捕获的异常类之间没有父子关系,各类的catch语句块顺序无关紧要,但是,当捕获的多个异常类之间存在父子关系时,捕获异常时一般先捕获子类,再捕获父类。所以子类异常的catch语句必须在父类异常的catch语句的前面,否则子类将捕获不到。

例如 ArithmeticException 算术异常与 ArrayIndexOutOfBoundsException 数组索引越界异常不是父子关系,在捕获异常时,它们的catch语句块顺序可以是任意的。

```
try {
    // 可能会发生异常的程序代码
} catch (ArithmeticException ae1) {
    // 捕获并处理异常
} catch (ArrayIndexOutOfBoundsException ae2) {
    // 捕获并处理异常
}
```

而 ArithmeticException 算术异常和 Exception 异常根类存在父子关系,所以 Exception 的catch语句就要放到后面。

```
try {
    // 可能会发生异常的程序代码
} catch (ArithmeticException ae) { //位置必须在 Exception 之前
    // 捕获并处理异常
} catch (Exception e) {
    // 捕获并处理异常
}
```

【例程2】　多重catch处理异常举例。从键盘输入被除数和除数,计算商。当输入的数不是数字时,产生 NumberFormatException 异常;当输入的除数为零时,产生 ArithmeticException异常,并按照被除数不同,得到不同的计算结果。代码如下:

```java
import java.util.Scanner;
public class TryCatchException {
    public static void main(String[] args) {
        int operand1 = 0; // 被除数
        int operand2 = 0; // 除数
        Scanner in = new Scanner(System.in);
        try {
            System.out.println("请输入被除数:");
            operand1 = Integer.parseInt(in.nextLine());
            System.out.println("请输入除数:");
            operand2 = Integer.parseInt(in.nextLine());
            System.out.println("运算结果:" + operand1 / operand2);
        } catch (NumberFormatException nex) {//捕获字符串转数字异常
            System.out.println("捕获异常:输入不为数字！");
        } catch (ArithmeticException aex) { //捕获算术异常,除数为零
            System.out.println("除数为零！");
            if (operand1 > 0) {
                System.out.println("运算结果:正无穷");
            } else if (operand1 < 0) {
                System.out.println("运算结果:负无穷");
            } else {
                System.out.println("运算结果:零");
            }
        } catch (Exception ex) {
            System.out.println("出现无法处理的异常！");
        }
    }
}
```

程序运行结果如图14.3所示。

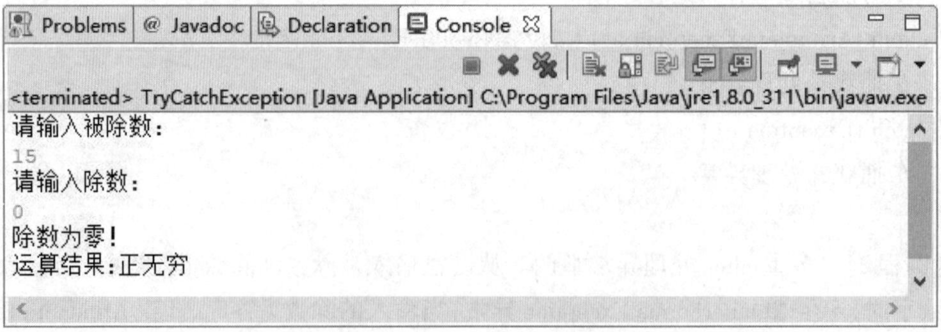

图14.3　例程2运行结果

14.5　finally语句

try-catch语句还可以包括第三部分,就是finally子句。它表示无论是否出现异常,都应当执行的内容。

【**例程3**】　当出现数组越界异常时,finally语句将执行输出语句,没有出现异常时,finally块中的语句也将执行。

```java
public class TestFinally {
    public static void main(String[] args) {
        int i = 0;
        String greetings[] = { " Hello world !", " Hello World !! "," HELLO WORLD !!!"};
        while (i < 4) {
            try {
                System.out.println(greetings[i++]);
            } catch (ArrayIndexOutOfBoundsException e) {
                System.out.println("数组下标越界异常");
            } finally {    //无论是否出现异常,都会执行finally语句块
                System.out.println("------------------------");
            }
        }
    }
}
```

程序运行结果如图14.4所示。

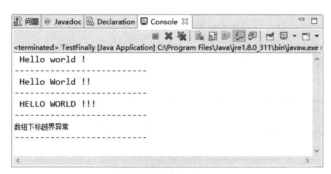

图14.4　例程3运行结果

如果try语句块里有return语句,那么紧跟在这个try后的finally语句块里的代码会执行,而且在return前执行。只有在以下4种特殊情况下,finally块不会被执行:

(1)在finally语句块中发生了异常。注意:finally语句块中也有可能会发生异常,如果finally语句块中产生了异常,这时finally语句块将不再执行。

（2）在前面的代码中用了System.exit()退出程序，这条语句代表无条件地结束程序的执行，包括finally也不再执行。

（3）程序所在的线程死亡。

（4）关闭CPU。

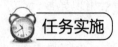

任务情境

从键盘接收一个正整数，并进行开根号求值，用try-catch方式捕获可能会出现的异常。

引导问题1：情景中描述的操作，可能会出现什么异常类？

_____

_____

_____

引导问题2：这些异常类之间有没有父子关系？应该如何调整catch块的顺序？

_____

_____

_____

任务情境调试记录可以记录在表14.1中。

表14.1　任务情境调试记录

序号	错误或异常描述	解决方案	备注
1			
2			
3			
4			
5			

评价与考核

课程名称：Java程序设计	授课地点：	
任务14：Try-Catch-Finally处理异常	授课教师：	授课时数：
课程性质：理实一体	综合评分：	

知识掌握情况得分（35分）				
序号	知识点	教师评价	分值	得分
1	try-catch结构		15	
2	多重catch捕获异常		15	
3	finally语句		5	
工作任务完成情况得分（65分）				

续表

序号	能力操作考核点	教师评价	分值	得分
1	掌握try-catch结构处理异常		25	
2	掌握多重catch捕获异常		25	
3	掌握finally语句的用法		15	
违纪扣分（20分）				
序号	违纪描述	教师评价	分值	扣分
1	迟到、早退		3	
2	旷课		5	
3	课上吃东西		3	
4	课上睡觉		3	
5	课上玩手机		3	
6	其他违纪行为		3	

 任务小结

本次任务主要学习try-catch语句捕获和处理异常。要学会在程序中正确使用try-catch结构,try语句块中放可能产生异常的代码,catch语句块中放捕获和处理异常的代码。要掌握异常类之间的继承关系,特别是多重catch结构时,要严格区分异常类型的先后顺序。异常处理是保证程序正确执行的关键,在程序编写中,同学们要养成处理异常的习惯,提高程序的健壮性,避免程序突然终止带来的麻烦。

 任务测试

选择题

1. 在异常处理中,如释放资源、关闭文件、关闭数据库等由(　　)来完成。

　　A. try子句　　　　B. catch子句　　　　C. finally子句　　　　D. throw子句

2. 多重catch子句的排列方式,正确的是(　　)。

　　A. 父类异常在前,子类异常在后

　　B. 子类异常在前,父类异常在后

　　C. 只能有父类异常

　　D. 不必区分父类和子类异常的顺序

3. 下面这段程序代码的执行结果是(　　)。

```java
public int m(){
  try {
    return 1;
  }finally{
```

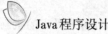
```
        return 0;
    }
}
```

    A. 1   B. 0   C. 没有返回

4. 下面代码运行的结果是(   )。

```
public class Example {
 public static void main(String[] args) {
    try {
        System.out.print(Integer.parseInt("forty"));
    } catch (RuntimeException e) {
        System.out.println("Runtime");
    } catch (NumberFormatException e) {
        System.out.println("Number");
    }
 }
}
```

    A. 输出 Number   B. 输出 Runtime
    C. 输出 40   D. 编译失败

5. 以下关于try-catch-finally结构中的finally语句,描述正确的是(   )。

    A. 只有当一个catch语句获得执行后,finally语句才获得执行

    B. 只有当catch语句未获得执行时,finally语句才获得执行

    C. 如果有finally语句,return语句将在finally语句执行完毕后才会返回

    D. 只有当异常抛出时,finally语句才获得执行

简答题

1. 简述try-catch异常处理结构的处理流程。

_____

_____

_____

_____

2. catch多重结构中,应如何安排这些语句块的顺序?

_____

_____

_____

_____

程序设计题

定义一个String[] arr = {"星期一","星期二","星期三","星期四","星期五","星期六","星期日"};根据用户输入一个整数(1—7),从数组中取出对应的星期名称。

例如:用户输入:1,程序提示:星期一。

为了防止用户输入小于1或者大于7的数,请使用try-catch结构捕获和处理数组越界异常,在异常处理中打印:输入错误!

任务15　主动抛出异常

本章实验

Java中的异常处理除了捕获异常和处理异常之外,还包括声明异常和抛出异常。实现声明和抛出异常的关键字非常相似,它们是throws和throw。可以通过throws关键字在方法头声明该方法要抛出的异常,然后在方法内部通过throw抛出异常对象。本次任务学习在Java中如何声明异常和抛出异常。

学习目标

(1) 能够运用throws声明异常;
(2) 能够运用throw抛出异常;
(3) 掌握自定义异常的方法。

知识准备

15.1　throws声明异常

如果一个方法可能会出现异常,但没有能力处理这种异常,可以在方法声明处用throws子句来声明抛出异常,简称声明异常。

例如汽车在运行时可能会出现故障,汽车本身没办法处理这个故障,那就让开车的人来处理。

throws语句用在方法定义时声明该方法要抛出的异常类型,如果抛出的是Exception异

常类型,则该方法被声明为抛出所有的异常。多个异常可使用逗号分割。throws 语句的语法格式为:

[修饰符] <返回类型> 方法名([参数列表]) throws 异常列表

在参数列表的后面通过 throws 引入异常列表。

例如,在 throwsMethod()方法定义中,声明异常

static void throwsMethod() throws ArithmeticException;

IndexOutOfBoundsException{

    //方法体

    }

throwsMethod()后面通过 throws 声明该方法可能会产生 ArithmeticException(算术异常)或 IndexOutOfBoundsException(数组下标越界异常)。

在这里大家要注意,当方法抛出异常列表的异常时,方法将不对这些类型及其子类类型的异常作处理,而抛向调用该方法的方法,谁调用它谁负责处理。

【例程1】 声明异常后,捕获和处理异常的例子。

```
public class ThrowsTest {
    static void pop() throws NegativeArraySizeException {
        // 定义方法并抛出 NegativeArraySizeException 异常
        int[] arr = new int[-3]; // 创建数组
    }
    public static void main(String[] args) {
        try {              // try 语句处理异常信息
            pop();           // 调用 pop()方法
        } catch (NegativeArraySizeException e) {
        System.out.println("pop()方法抛出的异常");// 输出异常信息
        }
    }
}
```

15.2 throw主动抛出异常

主动抛出异常是通过 throw 关键字,在方法体中主动地抛出一个 throwable 类型的异常。Throw 语句格式为

throw 异常对象;

要注意主动抛出异常和声明抛出异常的区别。声明抛出异常是在方法定义的时候,通过 throws 关键字抛出异常类列表,而主动抛出异常是在方法体中,通过 throw 关键字抛出一个单个的异常对象,主动抛出异常 throw 后面是没有 s 的。

例如,在程序中主动抛出空指针异常,在可能会产生异常的位置,直接抛出一个空指针异常对象。

throw new NullPointerException();

此时程序会在throw语句后立即终止,它后面的语句执行不到,然后在包含它的所有try块中(可能在上层调用函数中)从里向外寻找含有与其匹配的catch子句的try块来捕获并处理该异常。

【例程2】　主动抛出异常后,捕获和处理异常的例子。

```java
public class ThrowTest {
    public static void main(String[] args) {
        try {    //方法上抛出异常,调用一般用到try-catch
            new ThrowTest().test1(10, 0);
        } catch (ArithmeticException e) {
            System.out.println("异常");
            e.printStackTrace();
        } finally {
            System.out.println("捕获和处理异常结束");
        }
    }
    // 在方法里面抛出异常throw,在方法上抛出异常throws
    public void test1(int a, int b) throws ArithmeticException {
        if (b == 0) {
            throw new ArithmeticException();
        }
        System.out.println(a / b);
    }
}
```

15.3　自定义异常

Java允许用户按照自己的业务规则,通过继承Exception的方式自定义异常类。

自定义异常类时,一般按照以下三个步骤进行:

(1)通过定义一个类继承Exception,并为其定义构造方法来自定义一个异常类。

(2)在方法的声明处通过throws关键字指明要抛出给方法调用者的异常,在方法中通过throw关键字抛出自定义异常对象。

(3)在调用那个声明抛出自定义异常方法的方法体中使用try-catch-finally结构来捕获并处理自定义异常。

【例程3】 编写程序,对会员注册时的年龄进行验证,检测是否在 0~100 岁。

```java
//自定义异常类
public class AgeException extends Exception {
    public AgeException() {  //无参构造
        super();
    }
    public AgeException(String str) { //有参构造
        super(str);
    }
}
//年龄检测类
public class AgeTest {
    public static void main (String[] args) {
        try {
            checkAge();
        } catch (InputMismatchException e1) {  //捕获
            System.out.println("输入的年龄不是数字！");
        } catch (AgeException e2) {
            System.out.println(e2.getMessage());
        }
    }

    static void checkAge() throws AgeException
    {
        int age;
        Scanner input = new Scanner(System.in);
        System.out.println("请输入您的年龄:");
        age = input.nextInt(); // 获取年龄
        if (age < 0) {
            throw new AgeException("您输入的年龄为负数！输入有误！");//抛出自定义异常对象
        } else if (age > 100) {
            throw new AgeException("您输入的年龄大于100！输入有误！");
        } else {
            System.out.println("您的年龄为:"+age);//正常执行方法的功能
        }
    }
}
```

程序运行结果如图15.1所示。

图15.1　例程3运行结果

Java的异常处理涉及程序流程的跳转,所以虚拟机需要保存程序的执行流程,以便异常发生时能正确地跳转,这也就导致了使用异常时会引起额外的开销,所以,要谨慎地使用异常。

第一,尽量避免使用异常处理结构,将异常情况提前检测出来。因为过多地使用异常处理结构会使整个程序的可读性变差。

第二,不要为每个可能会出现异常的语句都设置try-catch。

第三,避免总是捕获 Exception 或 Throwable,而要catch具体的异常类。这样可以使程序更加清晰。

第四,不要压制、隐瞒异常。将不能处理的异常往外抛,而不是捕获之后随便处理。

第五,不要在循环中使用try-catch,尽量将try-catch放在循环外或者避免使用。因为try-catch放在循环中会使流程变得特别复杂,容易出错。

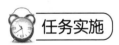

任务情境

创建银行账户类,包括用户名 name,和余额 balance 属性;取钱方法 withdraw(int money);

自定义异常类 InsufficientFundsException(余额不足),若取钱时,取钱额度超出余额,则抛出该异常;

编写测试类,验证捕获和处理该异常。

引导问题1　怎么定义自定义异常类的有参构造方法?

_____

_____

_____

引导问题2 取钱方法如何声明异常和抛出异常对象?

_____

_____

引导问题3 测试类中应该如何捕捉和处理InsufficientFundsException异常?

_____

_____

编写程序,调试运行后的结果如图15.2所示。

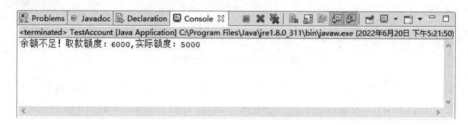

图15.2 任务情境运行结果

任务情境调试记录可以记录在表15.1中。

表15.1 任务情境调试记录

序号	错误或异常描述	解决方案	备注
1			
2			
3			
4			
5			

评价与考核

课程名称:Java程序设计	授课地点:	
任务15:主动抛出异常	授课教师:	授课时数:
课程性质:理实一体	综合评分:	
知识掌握情况得分(35分)				
序号	知识点	教师评价	分值	得分
---	---	---	---	---
1	throws声明异常		10	
2	throw抛出异常		10	
3	自定义异常		15	
工作任务完成情况得分(65分)				
序号	能力操作考核点	教师评价	分值	得分
1	能够运用throw抛出异常		20	
2	能够运用throws声明异常		20	

3	掌握自定义异常的使用方法		25	
违纪扣分(20分)				
序号	违纪描述	教师评价	分值	扣分
1	迟到、早退		3	
2	旷课		5	
3	课上吃东西		3	
4	课上睡觉		3	
5	课上玩手机		3	
6	其他违纪行为		3	

 任务小结

　　任何Java代码都可以抛出异常,可以是自己编写的代码、来自Java开发环境中的代码,或者Java运行的系统。我们可以通过Java的throws或throw语句抛出异常,在选择抛出什么异常时,最关键的就是选择能够明确说明异常情况的异常类。经验丰富的开发人员都知道,调试程序的最大难点不在于修复缺陷,而在于从海量的代码中找出缺陷的藏身之处。只要遵循异常处理的原则,就能让异常协助你跟踪和消灭缺陷,使程序更加健壮,对用户更加友好。

 任务测试

选择题

1. 以下哪个是声明一个方法抛出异常的正确形式?(　　　　)

　　A. void m() throws IOException{}

　　B. void m() throw IOException

　　C. void m(){} throws IOException

　　D. void m(void) throw IOException{}

2. 自定义异常类可以继承以下(　　　　)类。

　　A. Throwable

　　B. Exception

　　C. IOException

　　D. 以上均可

3. 关于自定义异常类,以下选项说法错误是(　　　　)。

　　A. throw后面只能抛出自定义异常对象

　　B. 自定义异常类可以继承自Throwable类

　　C. 自定义异常类可以重载构造方法

　　D. 自定义异常类可以继承自 Exception 类及其子类

4. 下面哪个选项能够正确抛出一个自定义异常 MyException 的对象?(　　　)

　　A. throw MyException;

　　B. throws MyException;

　　C. throw new MyException ();

　　D. throws new MyException ();

简答题

1. 说明 throws 与 throw 的作用,两者有什么区别?

_____

_____

_____

_____

2. 系统定义的异常与用户自定义的异常有何不同? 如何使用这两类异常?

_____

_____

_____

_____

程序设计题

1. 编写程序,从键盘输入10位学生的 Java 成绩,并计算平均成绩。要求能判断输入的成绩的合法性,如果成绩小于零或大于100,则抛出异常。

2. 编写程序,模拟用户注册过程。

自定义异常类 IllegalNameException(无效名字异常),若用户注册时输入的用户名长度小于6位,则抛出该异常。

自定义异常类 IllegalPasswordException(无效密码异常),若用户注册时输入的密码长度小于8位,则抛出该异常。编写测试类,提示用户依次输入用户名、密码,捕获和处理自定义异常。

项目5 GUI图形界面设计的流程

本项目主要介绍图形用户界面设计过程中用到的AWT和Swing组件、布局管理器、委托事件处理等相关的内容。

◇ 任务16 GUI图形用户界面设计概述
◇ 任务17 常用组件和布局
◇ 任务18 委托事件处理机制

任务16　GUI图形用户界面设计概述

本章实验

　　任何一个应用系统一般都由前台和后台组成。后台用来实现具体的业务逻辑,前台则负责和用户的交互。前台和后台一样重要,因为一个漂亮、友好的界面可以给用户良好的使用体验,使软件更容易推广。本次任务介绍Java图形用户界面GUI的构成、AWT包和Swing包及其组件、创建GUI图形用户界面的流程等内容。

学习目标

　　(1) 了解GUI图形用户界面的构成;
　　(2) 了解AWT包和Swing包的组件,理解两个包的区别并根据实际要求做出选择;
　　(3) 熟练掌握创建GUI图形用户界面的流程。

知识准备

16.1　GUI图形用户界面的构成

　　图形用户界面GUI(Graphical User Interface)是指为用户提供界面友好的所见即所得的桌面操作环境。Java GUI实现的是Windows风格的界面,以容器加组件的形式进行呈现。

　　容器(Container)是可以容纳组件的区域,在容器中可以添加别的组件,如Frame, Window等。容器中也可以容纳比它"容量级别小"的容器。Java的容器类组件分为顶层容器和中间容器两类,顶层容器是进行图形编程的基础,一切图形化的东西都必须包含在顶层容器中,中间容器可以承载其他组件,但中间容器不能独立显示,必须依附于其他的顶层容器。

　　组件(Component)是指构成界面的基本图形元素,Component类及其子类的对象是用来实现以图形化的方式显示在屏幕上并可以与用户进行交互的GUI控件,如按钮、文本框、文本域、多选按钮、单选按钮等。图16.1是一个典型的Java GUI图形用户界面,最外层是一个顶层容器,在顶层容器中添加一个中间容器,在中间容器上添加各种组件。

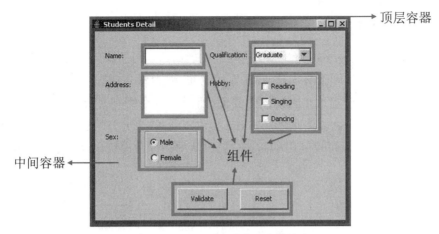

图 16.1　GUI图形用户界面的构成

16.2　AWT包和Swing包

16.2.1　AWT 包

AWT包的全称是抽象窗口工具包(Abstract Window Toolkit)。该包的初衷是为了实现不同操作系统的统一操作界面,但实际情况是不同操作系统图形库的功能不一样,比如按钮在不同操作系统下的外观就不一样,同时在不同平台上的功能也不一样,为此AWT不得不通过牺牲功能来实现平台无关性。不仅如此,AWT还是一个重量级组件,使用比较麻烦,且设计出的图形界面不够美观,功能也非常有限。为此,Sun公司对AWT进行了深度改进,开发出拥有更加丰富组件和功能的Swing包,来满足GUI设计的各种需求(图16.2)。

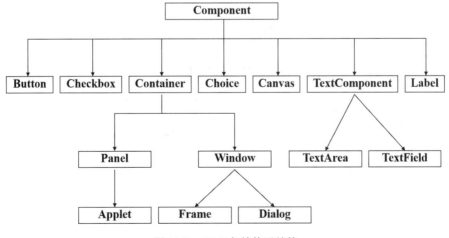

图 16.2　AWT包的体系结构

16.2.2 Swing 包

轻量级窗口工具包Swing是在AWT基础上发展而来,专门用于开发Java GUI的开发工具包。使用Swing来开发图形界面比AWT更加优秀,因为Swing是一种轻量级组件,它采用纯Java实现,不再依赖于本地平台的图形界面,所以可以在所有平台上保持相同的运行效果,对跨平台支持比较出色。除此之外,Swing提供了比AWT更多的图形界面组件,Swing开发人员只用很少的代码就可以利用Swing丰富、灵活的功能和模块化组件创建优雅的用户界面(图16.3)。

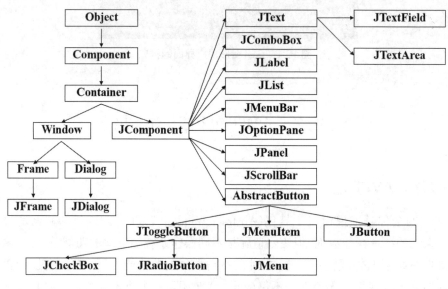

图16.3 Swing包的体系结构

知识拓展

为了和AWT组件区分,Swing组件javax.swing.*包下,类名均以字母"J"开头,例如,JFrame、JLabel、JButton等,而在AWT包中叫Frame、Label等。

16.2.3 AWT 包与 Swing 包的选择

AWT的图形函数和底层操作系统提供的图形函数相关。当我们使用AWT组件设计GUI的时候,其实是利用底层操作系统的图形库。不同操作系统的图形库功能各不相同,AWT的图形功能取了各操作系统图形功能的"交集"。Swing包对AWT的功能进行了大幅度扩充,例如,并不是所有的操作系统都提供对树形控件的支持,Swing则利用AWT提供的基础方法绘制了一个树形控件。

在实际开发中,选择AWT还是Swing取决于应用程序部署的平台类型。对于嵌入式应用,考虑到平台硬件资源的局限,需要用低内存来运行GUI程序时,简单高效的AWT成为较好的选择。针对基于PC的标准Java应用,硬件资源相对充裕,同时对界面的要求较高,还需要考虑平台的移植性的要求,推荐使用Swing组件来较好地实现应用程序的交互功能。

16.3 GUI图形用户界面设计

由于Swing包提供了非常广泛的标准组件和大量的第三方组件,还支持根据程序所运行的平台来添加额外特性。同时Swing遵循MVC的设计模式,它的API成熟并设计良好,经过多年的演化,Swing包的API变得越来越强大,灵活且可扩展,被认为是最成功的GUI API之一。因此本书主要基于Swing包来进行GUI设计。

16.3.1 Swing包的构成

(1)顶层容器。

JFrame:是用于框架窗口的类,此窗口带有边框、标题、用于关闭和最小化窗口的图标等。带GUI的应用程序通常至少使用一个框架窗口。

JDialog:是用于对话框的类。

JApplet:是用于使用 Swing 组件的 Java Applet 的类。

JWindow:是一个可以显示但没有标题栏或窗口管理按钮的容器。

(2)中间容器。

JPanel:是最灵活、最常用的中间容器。

JScrollPane:与JPanel类似,但还可在大的组件或可扩展组件周围提供滚动条。

JTabbedPane:包含多个组件,但一次只显示一个组件。用户可在组件之间方便地切换。

JToolBar:工具按钮栏,按行或列排列一组组件(通常是按钮)。

(3)特殊容器。

是进行多文档界面(MDI)开发时用到的一些特殊作用的中间层,比如JInternalFrame、JDesktopPane、JLayeredPane等。

(4)基本组件。

是实现人机交互的组件,比如JButton、JMenu等。

(5)不可编辑的信息显示控件。

是专门用于向用户显示信息且不可编辑的组件,比如JLable、JToolTip等。

(6)可编辑的信息显示控件。

是专门用于向用户显示信息、接受用户输入、可以进行编辑的组件,比如JTextField、JTextArea、JFileChooser等。

16.3.2 GUI图形用户界面设计流程

Java的GUI图形用户界面设计分为以下三个步骤:

(1)创建顶层容器。

顶层容器也就是最顶层的窗口。在Swing包中一般选择JFrame作为顶层容器。JFrame常用方法如表16.1所示。

表16.1　JFrame的常用方法

方法名	方法功能
JFrame()	创建一个框架,该框架初始为不可见
JFrame(String title)	创建一个框架,参数title为窗体标题,该框架初始为不可见
setTitle(String title)	以title中指定的值,设置窗体的标题
setSize(int w,int h)	设置窗体的大小,参数w和h指定宽度和高度
setIconImage(Image image)	设置要作为此窗口图标显示的图像
getContentPane()	获得窗体的内容面板,当要往窗体中添加组件或设置布局时,要使用到该方法
setVisible(boolean b)	设置窗体是否为可见,由参数b决定
setBackground(Color c)	设置窗体的背景色
setBounds(int a,int b,int width,int height)	设置窗口的初始位置是(a,b),即距屏幕左面a个像素,距屏幕上方b个像素,窗口的宽是width,高是height
setDefaultCloseOperation(int operation)	设置用户在此窗体上发起"close"时默认执行的操作。必须指定以下选项之一: DO_NOTHING_ON_CLOSE(在WindowConstants中定义):不执行任何操作;要求程序在已注册的WindowListener对象的windowClosing方法中处理该操作。 HIDE_ON_CLOSE(在WindowConstants中定义):调用任意已注册的WindowListener对象后自动隐藏该窗体。 DISPOSE_ON_CLOSE(在WindowConstants中定义):调用任意已注册WindowListener的对象后自动隐藏并释放该窗体。 EXIT_ON_CLOSE(在JFrame中定义):使用System exit方法退出应用程序。仅在应用程序中使用

（2）创建中间容器。

在进行GUI图形用户界面设计时,通常在顶层容器中添加一些中间容器来方便空间的划分和复杂布局的构建。这一步不是必须的,也可以直接在顶层容器中摆放组件。中间容器默认是不能显示的,必须加入到顶层容器中。Swing包中最常用的中间容器为JPanel,其常用方法如表16.2所示。

表16.2　JPanel的常用方法

方法名	方法功能
JPanel()	创建默认布局(FlowLayout)的面板
JPanel(LayoutManager layout)	以指定的布局管理器创建面板
setLayout(LayoutManager layout)	以指定布局管理器设置面板的布局
Component add(Component comp)	往面板内添加控件
setBackground(Color bg)	设置面板的背景色

（3）添加各种基本组件。

Swing包中包含60多个种类丰富的基本组件，根据不同容器的布局方式将组件添加进去即可。这些基本组件的用法在任务17中会有详细的介绍。

【例程1】　设计一个欢迎界面，尺寸为300×300，在界面中显示"欢迎进入精彩的Windows世界"（图16.4）。

图16.4　例程1运行结果

```
public class FirstWindow extends JFrame {
    JLabel jl; // 定义一个标签用于显示文本内容
    JPanel jp; // 定义一个中间容器用于容纳基本组件
    // 定义构造方法
    public FirstWindow() {
        // 初始化标签jl，设置内容居中
        jl = new JLabel("欢迎进入精彩的Windows世界", JLabel.CENTER);
        // 初始化中间容器jp，并将其布局调整为边界布局
        jp = new JPanel(new BorderLayout());
        // 将组件jl添加至中间容器jp
        jp.add(jl);
        // 设置当前顶层容器FirstWindow的初始大小
        this.setSize(300, 300);
        // 设置标题
        this.setTitle("第一个GUI界面");
        // 设置默认关闭方式
        this.setDefaultCloseOperation(JFrame.EXIT_ON_CLOSE);
        // 设置可见性
        this.setVisible(true);
        // 将中间容器添加至顶层容器
        this.add(jp);
```

```
    }
    public static void main(String[] args) {
        // 创建当前窗体的匿名对象
        new FirstWindow();
    }
}
```

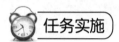 **知识拓展**

我们一般通过定义一个类让其继承JFrame的方式创建窗体,这样该类就拥有了JFrame类的一切属性和方法,同时还可以在该类中自定义属性和方法,因此用这种方法创建窗体等顶层容器时比较灵活。

任务实施

任务情境

利用Swing技术设计如图16.5所示的界面,具体要求如下:

(1) 窗体尺寸为350×350;

(2) 修改窗体应用程序图标,图片任意;

(3) 设置背景色为粉色;

(4) 设置窗体默认出现在屏幕的正中央。

图16.5 任务情境运行效果

引导问题1 考虑界面中需要用到哪些组件?

_____

_____

_____

引导问题2　考虑本任务是否需要添加中间容器,能否在顶层容器中设置背景色?

_____

_____

引导问题3　查看API中 setIconImage(Image image)方法,考虑如何设置窗体的图标?

_____

_____

引导问题4　查看API中 setLocationRelativeTo(Component c)方法,考虑如何让窗体默认显示在屏幕正中央?

_____

_____

_____

任务情境调试记录可以记录在表16.3中。

表16.3　任务情境调试记录

序号	错误或异常描述	解决方案	备注
1			
2			
3			
4			
5			

评价与考核

课程名称:Java程序设计		授课地点:		
任务16:GUI图形用户界面设计概述		授课教师:		授课时数:
课程性质:理实一体		综合评分:		
知识掌握情况得分(35分)				
序号	知识点	教师评价	分值	得分
1	GUI图形用户界面的构成		10	
2	AWT包、Swing包及其区别		10	
3	创建GUI图形用户界面的流程		15	
工作任务完成情况得分(65分)				
序号	能力操作考核点	教师评价	分值	得分
1	能够准确地确定界面中需要用到的各种组件		20	
2	能够合理地添加各种容器并设计好其布局		20	

续表

3	能够根据业务需要,在API中准确地找到需要的方法并正确地加以运用		25	
违纪扣分(20分)				
序号	违纪描述	教师评价	分值	扣分
1	迟到、早退		3	
2	旷课		5	
3	课上吃东西		3	
4	课上睡觉		3	
5	课上玩手机		3	
6	其他违纪行为		3	

 任务小结

优秀的用户界面对于产生良好的用户体验至关重要。从辩证法角度看,换位思考反映了对立面的统一,在对立中把握统一,在统一中把握对立。UI设计人员不仅要负责使产品看起来更漂亮,还要充分思考用户的思维方式,使用好的设计来指导用户直观地了解产品。UI设计师必须充分利用自己的创造力,深入研究组件的样式、布局、间距、图标等奇妙的内容,确保每个屏幕或页面流畅地切向下一个。

Swing是基于AWT架构的,Swing仅仅是提供了功能更全面的用户界面组件。我们使用Swing编写的程序还需要AWT进行事件处理。简单地说,就是Swing是用户界面类,AWT是底层机制。AWT和Swing虽然已经过时了,但是图形用户界面的编程思想并没有过时,这些内容的学习为日后学习Android界面设计、Web界面设计等打下坚实的基础。

 任务测试

选择题

1. 在使用Swing包中的组件时,需要导入以下哪个包?(　　　)

    A. java.lang   B. java.util

    C. javax.swing   D. java.awt

2. 下列哪个选项不是容器类组件?(　　　)

    A. JFrame   B. JPanel

    C. JButton   D. JApplet

3. 以下哪个选项可以设置容器的背景色?(　　　)

    A. setBackground(Color c)

    B. setSize(int w,int h)

    C. setBounds(int a,int b,int width,int height)

    D. getContentPane()

4. AWT包提供了基本的GUI设计工具,包含控件、容器和(　　)。

   A. 布局管理器　　　　　　　　B. 数据传送器

   C. 图形图像工具　　　　　　　D. 用户界面组件

5. 以下说法正确的是(　　)。

   A. 尽量使用非Swing的重要级构件

   B. Swing组件不可以直接添加到顶层容器中

   C. JButton可以直接放到JFrame中

   D. 以上选项都对

6. 以下选项正确的是(　　)。

   A. Object o=new JButton("A");

   B. JButton jb=new Object("B");

   C. JPanel jp=new JFrame();

   D. JFrame jf=new JPanel();

简答题

1. 简述AWT包和Swing包有哪些区别和联系。

_____

_____

_____

_____

2. 简述GUI图形用户界面编程的流程。

_____

_____

_____

_____

程序设计题

1. 使用Swing包中的组件设计如图16.6所示的"教务管理系统登录窗口"界面。提示:文本框使用JTextField组件,密码框使用JPasswordField组件,该界面是一个不规则的界面,不能使用容器的默认布局,建议使用setBounds(int a,int b,int width,int height)方法直接指定每个组件的位置和大小。

图16.6　"教务管理系统登录窗口"界面

2. 使用Swing包中的组件设计如图16.7所示的"学籍信息登记窗口"界面。提示：学习经历使用JTextArea组件，所有组件放在中间容器JPanel中，并使用其默认的流式布局摆放组件。

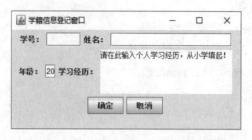

图16.7 "学籍信息登记窗口"界面

任务17 常用组件和布局

Java图形用户界面最基本的组成部分是各种类型的基本组件，通过这些组件实现和用户的交互，同时组件在容器中的摆放需要通过布局管理器进行控制。本次任务主要介绍Swing包中各种常用的组件、布局管理器的作用和几种常见的布局方式。

（1）熟练掌握Swing包中各种常用组件的用法；
（2）理解布局管理器的概念及其作用；
（3）熟练掌握流式布局、边界布局、网格布局、卡片布局等几种常见布局的用法，能够根据需要设计各种复杂的布局。

17.1 常用组件

Swing包中定义了种类丰富的各种组件，本次任务只是按照功能划分选取了其中较为常用的一些组件的用法，更多功能性组件大家可以到最新的API文档中查看javax.swing包中的定义。

17.1.1　人机交互组件

人机交互组件负责用户与计算机之间的相互交流和通信,最大程度地为用户完成信息管理、服务和处理等功能。Swing包中的常见的人机交互组件有如下几个。

（1）JButton。

按钮通常和动作事件相关联,当用户单击或获取焦点后按下回车来触发动作事件的发生,从而实现和用户的交互。JButton的常用方法如表17.1所示。

表17.1　JButton的常用方法

方法名	方法功能
JButton()	构造一个字符串为空的按钮
JButton(Icon icon)	构造一个带图标的按钮
JButton(String text)	构造一个指定字符串的按钮
JButton(String text, Icon icon)	构造一个带图标和字符的按钮
addActionListener(ActionListener l)	添加指定的操作监听器,以接收来自此按钮的操作事件
setLabel(String label)	将按钮的标签设置为指定的字符串
getLabel()	获得此按钮的标签

（2）菜单系统JMenuBar、JMenu、JMenuItem。

菜单系统是Windows风格界面重要的交互组件之一。通过在窗体中添加菜单系统用来容纳菜单项的菜单栏JMenuBar,它的常用方法如表17.2所示。然后在菜单栏中添加菜单项JMenu,它的常用方法如表17.3所示。再在菜单项上添加菜单子项JMenuItem,它的常用方法如表17.4所示。或者创建弹出式菜单JPopupMenu并将其绑定某个组件。每个菜单子项相当于一个按钮,通过选择单击不同的菜单子项来执行相应的动作。

表17.2　JMenuBar的常用方法

方法名	方法功能
JMenuBar()	构造新菜单栏JMenuBar
JMenu getMenu(int index)	返回菜单栏中指定位置的菜单
getMenuCount()	返回菜单栏上的菜单数
paintBorder(Graphics g)	如果BorderPainted属性为true,则绘制菜单栏的边框
setBorderPainted(boolean b)	设置是否应该绘制边框
setHelpMenu(JMenu menu)	设置用户选择菜单栏中的"帮助"选项时显示的帮助菜单
setMargin(Insets m)	设置菜单栏的边框与其菜单之间的空白
setSelected(Component sel)	设置当前选择的组件,更改选择模型

表17.3　JMenu的构造方法和常用方法

方法名	方法功能
JMenu()	构造没有文本的新JMenu
JMenu(Action a)	构造一个从提供的Action获取其属性的菜单

方法名	方法功能
JMenu(String s)	构造一个新 JMenu,用提供的字符串作为其文本
add()	将组件或菜单项追加到此菜单的末尾
addMenuListener(MenuListener l)	添加菜单事件的侦听器
addSeparator()	将新分隔符追加到菜单的末尾
doClick(int pressTime)	以编程方式执行"单击"
getItem(int pos)	返回指定位置的 JMenuItem
getItemCount()	返回菜单上的项数,包括分隔符
insert(Action a, int pos)	在给定位置插入连接到指定 Action 对象的新菜单项
insert(JMenuItem mi, int pos)	在给定位置插入指定的 JMenuitem
insertSeparator(int index)	在指定的位置插入分隔符
isSelected()	如果菜单是当前选择的(即突出显示的)菜单,则返回 true
remove()	从此菜单移除组件或菜单项
removeAll()	从此菜单移除所有菜单项
setDelay(int d)	设置菜单的 PopupMenu 向上或向下弹出前建议的延迟
setMenuLocation(int x, int y)	设置弹出组件的位置

表17.4　JMenuItem 的常用方法

方法名	方法功能
JMenuItem()	创建不带有设置文本或图标的 JMenuItem
JMenuItem(Action a)	创建一个从指定的 Action 获取其属性的菜单项
JMenuItem(Icon icon)	创建带有指定图标的 JMenuItem
JMenuItem(String text)	创建带有指定文本的 JMenuItem
JMenuItem(String text, Icon icon)	创建带有指定文本和图标的 JMenuItem
isArmed()	返回菜单项是否被"调出"
setArmed(boolean b)	将菜单项标识为"调出"
setEnabled(boolean b)	启用或禁用菜单项
setAccelerator(KeyStroke keystroke)	设置菜单项的快捷键
setMnemonic(char mnemonic)	设置菜单项的热键
getAccelerator()	返回菜单项的快捷键

【例程1】　设计一个带菜单栏的"教务管理系统主界面",如图17.1所示。它包含"用户管理""成绩管理""成绩查询"和"帮助"4个菜单项。其中"用户管理"包含"增加用户""修改用户""删除用户""退出系统"4个菜单子项;"成绩管理"包含"录入成绩""修改成绩""删除成绩"3个菜单子项;"成绩查询"包含"按学号查询""按姓名查询"2个菜单子项;帮助菜单包含"关于…"1个菜单项;为每个菜单项和菜单子项添加快捷键。

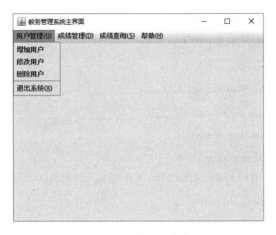

图17.1　教务管理系统主界面

```java
public class TestMenu extends JFrame{
    public TestMenu() {
        JMenuBar jmb = new JMenuBar(); // 创建菜单栏
        // 定义"用户管理""信息管理""信息查询"和"帮助"四个菜单
        JMenu jmuser = new JMenu("用户管理(U)");
        JMenu jminfo = new JMenu("成绩管理(D)");
        JMenu jmsearch = new JMenu("成绩查询(S)");
        JMenu jmhelp = new JMenu("帮助(H)");
        // 定义"用户管理"菜单中的4个菜单项
        JMenuItem jmiadduser = new JMenuItem("增加用户");
        JMenuItem jmichangeuser = new JMenuItem("修改用户");
        JMenuItem jmideluser = new JMenuItem("删除用户");
        JMenuItem jmiexit = new JMenuItem("退出系统(X)");
        // 定义"成绩管理"菜单中的3个菜单项
        JMenuItem jmiaddinfo = new JMenuItem("录入成绩(N)");
        JMenuItem jmichangeinfo = new JMenuItem("修改成绩(C)");
        JMenuItem jmidelinfo = new JMenuItem("删除成绩(D)");
        // 定义"成绩查询"菜单中的2个菜单项
        JMenuItem jmibyno = new JMenuItem("按学号查询");
        JMenuItem jmibyname = new JMenuItem("按姓名查询");
        // 定义"帮助"菜单中的1个菜单项
        JMenuItem jmihelp = new JMenuItem("关于...(A)");
        /* 给相关菜单项下添加快捷方式,添加 ALT 键的快捷方式是采用在菜单项名
上增加一个快捷字母,再用setMnemonic()方法添加快捷方式 */
        jmuser.setMnemonic('U');
        jminfo.setMnemonic('D');
```

```
        jmsearch.setMnemonic('S');
        jmhelp.setMnemonic('H');
        jmiexit.setMnemonic('X');
        jmiaddinfo.setMnemonic('N');
        jmichangeinfo.setMnemonic('C');
        jmidelinfo.setMnemonic('D');
        jmihelp.setMnemonic('A');
        // 将所有"用户管理"菜单下的菜单项添加到"用户管理"菜单
        jmuser.add(jmiadduser);
        jmuser.add(jmichangeuser);
        jmuser.add(jmideluser);
        jmuser.addSeparator(); // 添加一条分隔线
        jmuser.add(jmiexit);
        // 将所有"成绩管理"菜单下的菜单项添加到"信息管理"菜单
        jminfo.add(jmiaddinfo);
        jminfo.add(jmichangeinfo);
        jminfo.add(jmidelinfo);
        // 将所有"成绩查询"菜单下的菜单项添加到"成绩查询"菜单
        jmsearch.add(jmibyno);
        jmsearch.add(jmibyname);
        // 将所有"帮助"菜单下的菜单项添加到"帮助"菜单
        jmhelp.add(jmihelp);
        // 将"用户管理""信息管理""信息查询"和"帮助"四个菜单添加到jmb菜单
栏中
        jmb.add(jmuser);
        jmb.add(jminfo);
        jmb.add(jmsearch);
        jmb.add(jmhelp);
        // 将jmb菜单栏添加到窗体
        this.setJMenuBar(jmb);
        this.setTitle("教务管理系统主界面");// 设置窗体标题
        this.setSize(500, 400); // 设置窗体大小
        this.setVisible(true); // 显示窗体
    }
    public static void main(String[] args) {
        new TestMenu();
    }
```

}

17.1.2　不可编辑的信息显示组件

Swing包中最常用的不可编辑信息显示组件为JLabel,其功能是显示单行的字符串,可在屏幕上显示一些提示性、说明性的文字。标签既可以显示文本,也可以显示图像。JLabel的常用方法如表17.5所示。

表17.5　JLabel的常用方法

方法名	方法功能
JLabel()	构造一个空标签
JLabel(String text)	使用指定的文本字符串构造一个新的标签,其文本对齐方式为左对齐
JLabel(Icon image)	使用指定的图像构造一个标签
JLabel(Icon image, int horizontalAlignment)	使用指定的图像和对齐方式构造一个标签
JLabel(String text, Icon icon, int horizontalAlignment)	使用指定的图像、文本字符和对齐方式构造一个标签
setText(String text)	将此标签的文本设置为指定的文本
setIcon(Icon icon)	设置在标签中显示的图像
setVerticalAlignment(int alignment)	设置标签内容的垂直对齐方式
setVerticalTextPosition(int textPosition)	设置标签中文字相对于图像的垂直位置
setHorizontalAlignment(int alignment)	设置标签内容的水平对齐方式
setHorizontalTextPosition(int textPosition)	设置标签中文字相对于图像的水平位置
setDisabledIcon(Icon disabledIcon)	设置标签禁用时的显示图像
setDisplayedMnemonic(char aChar)	指定一个字符作为快捷键
setDisplayedMnemonic(int key)	指定ASCII码作为快捷键

17.1.3　可编辑的信息显示组件

用来接受用户的输入,并可以对输入内容进行编辑修改的组件,Swing包中常用的有以下2种。

（1）JTextField。

在创建文本行时可以指定文本行内容以及文本行允许显示的字符数,也可以创建文本行后用setText方法设置其文本内容。JTextField的常用方法如表17.6所示。

表17.6　JTextField的常用方法

方法名	方法功能
JTextField()	构造新文本字段
JTextField(Document doc, String text, int columns)	构造使用要显示的指定文本初始化的新文本字段和指定存储模式,宽度足够容纳指定列数
JTextField(int columns)	构造具有指定列数的新的空文本字段
JTextField(String text)	构造使用指定文本初始化的新文本字段
JTextField(String text, int columns)	构造使用要显示的指定文本初始化的新文本字段,宽度足够容纳指定列数

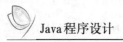

续表

方法名	方法功能
setHorizontalAlignment(int alignment)	设置文本框中文本的水平对齐方式
getText()	获得文本框中的文本字符
selectAll()	选定文本框中的所有文本
select(int selectionStart, int selectionEnd)	选定指定开始位置到结束位置间的文本
setEditable(boolean b)	设置文本框是否可编辑
setText(String t)	设置文本框中的文本

（2）JPasswordField。

在密码文本框JPasswordField中输入的文字会被其他字符替代，该组件常用来在Java程序中输入口令。JPasswordFiled的常用方法如表17.7所示。

表17.7　JPasswordField的常用方法

方法名	方法功能
JPasswordField()	构造一个新JPasswordField，使其具有默认文档、为null的开始文本字符串和为0的列宽度
JPasswordField(Document doc, String txt, int columns)	构造一个使用给定文本存储模型和给定列数的新JPasswordField
JPasswordField(int columns)	构造一个具有指定列数的新的空JPasswordField
JPasswordField(String text)	构造一个利用指定文本初始化的新JPasswordField
JPasswordField(String text, int columns)	构造一个利用指定文本和列初始化的新JPasswordField
getEchoChar()	返回要用于回显的字符
getPassword()	返回此TextComponent中所包含的文本
setEchoChar(char c)	设置此JPasswordField的回显字符

17.1.4　选择功能组件

Swing包中的选择功能组件主要有提供多选功能的JCheckBox和单选功能的JRadioButton等几种，它们的常用方法分别如表17.8和表17.9所示。

表17.8　JCheckBox的常用方法

方法名	方法功能
JCheckBox()	创建无文本无图像的初始未选复选框
JCheckBox(Icon icon)	创建有图像无文本的初始未选复选框
JCheckBox(Icon icon, boolean selected)	创建带图像和选择状态但无文本的复选框
JCheckBox(String text)	创建带文本的初始未选复选框
JCheckBox(String text, boolean selected)	创建具有指定文本和状态的复选框
JCheckBox(String text, Icon icon)	创建具有指定文本和图标图像的初始未选复选框按钮
JCheckBox(String text, Icon icon, boolean selected)	创建具有指定文本、图标图像、选择状态的复选框按钮

续表

方法名	方法功能
getLabel()	获得复选框标签
getState()	确定复选框的状态
setLabel(String label)	将复选框的标签设置为字符串参数
setState(boolean state)	将复选框状态设置为指定状态

表17.9 JRadioButton的常用方法

方法名	方法功能
JRadioButton()	使用空字符串标签创建一个单选按钮(没有图像、未选定)
JRadioButton(Icon icon)	使用图标创建一个单选按钮(没有文字、未选定)
JRadioButton(Icon icon, boolean selected)	使用图标创建一个指定状态的单选按钮(没有文字)
JRadioButton(String text)	使用字符串创建一个单选按钮(未选定)
JRadioButton(String text, boolean selected)	使用字符串创建一个单选按钮
JRadioButton(String text, Icon icon)	使用字符串和图标创建一个单选按钮(未选定)
JRadioButton(String text, Icon icon, boolean selected)	使用字符串创建一个单选按钮

【例程2】 使用单选按钮JRadioButton、复选框JCheckBox、文本区JTextArea等组件设计如图17.2所示的"食堂服务调查问卷"界面。

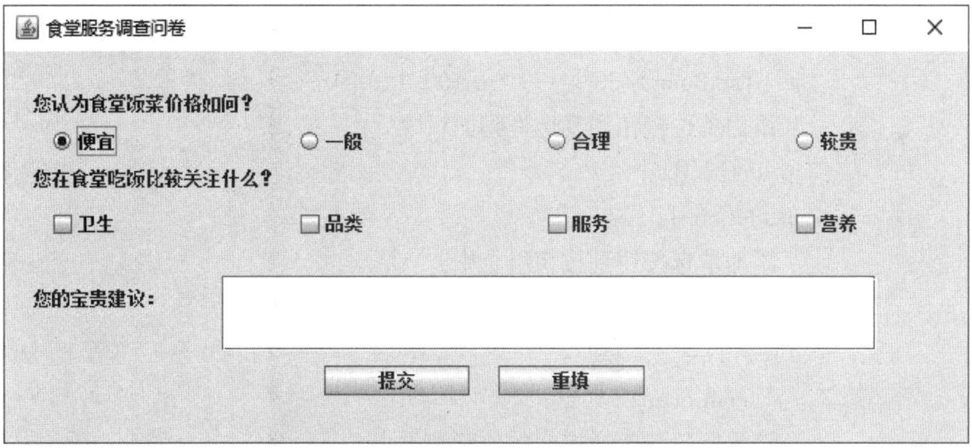

图17.2 "食堂服务调查问卷"界面

```java
public class TestOption extends JFrame {
    private JPanel jp = new JPanel();
    // 创建单选按钮数组
    JRadioButton jrb1 = new JRadioButton("便宜", true);
    JRadioButton jrb2 = new JRadioButton("一般");
    JRadioButton jrb3 = new JRadioButton("合理");
    JRadioButton jrb4 = new JRadioButton("较贵");
    private JRadioButton[] jrb = { jrb1, jrb2, jrb3, jrb4 };
```

```
    private ButtonGroup bg = new ButtonGroup();// 创建按钮组合
    // 创建复选框数组
    JCheckBox jcb1 = new JCheckBox("卫生");
    JCheckBox jcb2 = new JCheckBox("品类");
    JCheckBox jcb3 = new JCheckBox("服务");
    JCheckBox jcb4 = new JCheckBox("营养");
    private JCheckBox[] jcb = { jcb1, jcb2, jcb3, jcb4 };
    private JButton[] jb = { new JButton("提交"), new JButton("重填") }; // 创建普通按钮数组
    // 创建标签数组
    private JLabel[] jl = { new JLabel("您认为食堂饭菜价格如何？"), new JLabel("您在
食堂吃饭比较关注什么？"), new JLabel("您的宝贵建议：") };
    private JTextArea jta = new JTextArea();// 创建文本区
    private JScrollPane js = new JScrollPane(jta);// 将文本区作为被滚动的组件来创建滚
动窗体
    public TestOption() {
        jp.setLayout(null);// 设置 JPanel 布局管理器为空
        for (int i = 0; i < 4; i++) {
            // 设置单选按钮与复选框的位置和大小
            jrb[i].setBounds(30 + 170 * i, 45, 170, 30);
            jcb[i].setBounds(30 + 170 * i, 100, 120, 30);
            // 添加单选按钮和复选框到面板中
            jp.add(jrb[i]);
            jp.add(jcb[i]);
            // 添加单选按钮到按钮组合中
            bg.add(jrb[i]);
            if (i > 1)
                continue;
            // 设置标签与普通按钮的位置和大小
            jl[i].setBounds(20, 20 + 50 * i, 200, 30);
            jb[i].setBounds(220 + 120 * i, 210, 100, 20);
            jp.add(jl[i]);
            jp.add(jb[i]);
        }
        // 设置 jl2 的位置和大小
        jl[2].setBounds(20, 150, 120, 30);
        jp.add(jl[2]);
        // 设置 JScrollPane 的位置和大小，并将其添加到面板中
```

```
        js.setBounds(150, 150, 450, 50);
        jp.add(js);
        jta.setLineWrap(true);// 设置文本区为自动换行
        jta.setEditable(false);// 设置文本区为不可编辑状态
        this.add(jp);
        this.setTitle("食堂服务调查问卷");
        this.setBounds(150, 150, 680, 300);
        this.setVisible(true);
        this.setDefaultCloseOperation(JFrame.EXIT_ON_CLOSE);
    }
    public static void main(String[] args) {
        new TestOption();
    }
}
```

17.2 布局管理器

17.2.1 布局管理器的概念及作用

Java作为跨平台的语言,如果使用绝对坐标会导致在不同平台、不同分辨率下的显示效果不一样。为了实现跨平台的动态的布局效果,Java为所有容器类组件安排了一个"布局管理器"负责管理组件的排列顺序、大小、位置等,通过使用不同的布局管理器组合,能够设计出复杂的界面,而且在不同操作系统平台上都能保持一致的显示界面。

Swing包中每个容器类的组件都有默认的布局,比如JFrame默认为边界布局,JPanel默认为流式布局。当我们对容器的默认布局不满意时,可以调用容器对象的setLayout(LayoutManager lm)方法,为容器设置不同的布局。在进行GUI设计时,利用多种复杂布局的组合,总可以达到我们想要的效果。

17.2.2 常用布局

(1)流式布局FlowLayout。

流式布局中的组件按照加入容器的顺序从左到右,容器大小改变时组件大小不改变,位置会改变。

【例程3】 流式布局示例如图17.3所示。

图17.3　流式布局示例

```
public class TestFlowLayout extends JFrame {
    JButton button1, button2, button3, button4, button5, button6;
    public TestFlowLayout() {
        button1 = new JButton("按钮一");
        button2 = new JButton("按钮二");
        button3 = new JButton("按钮三");
        button4 = new JButton("按钮四");
        button5 = new JButton("按钮五");
        button6 = new JButton("按钮六");
        // 设置流式布局管理器
        this.getContentPane().setLayout(new FlowLayout());
        this.add(button1);
        this.add(button2);
        this.add(button3);
        this.add(button4);
        this.add(button5);
        this.add(button6);
        this.setVisible(true);
        this.setTitle("流式布局测试");
        this.setDefaultCloseOperation(JFrame.EXIT_ON_CLOSE);
    }
    public static void main(String[] args) {
        new TestFlowLayout();
    }
}
```

（2）边界布局 BorderLayout。

边界布局管理器将容器分为 EAST（东）、WEST（西）、SOUTH（南）、NORTH（北）、CENTER（中）5 个区域，给予南、北组件最佳高度，使它们与容器一样宽；给予东、西组件最佳宽度，而高度受到限制。组件放入对应区域后将自动铺满区域,要在一个区域放置多个组件时就要在该区域放置一个中间容器,再将组件放到中间容器中。中间区域若没有放置组件这个区域将会保留,其他则不会。

【例程4】 边界布局示例如图17.4所示。

图17.4 边界布局示例

```
public class TestBorderLayout extends JFrame {
    public TestBorderLayout() {
//JFrame默认为边界布局
        this.add(new JButton("北"), BorderLayout.NORTH);
        this.add(new JButton("南"), BorderLayout.SOUTH);
        this.add(new JButton("西"), BorderLayout.WEST);
        this.add(new JButton("东"), BorderLayout.EAST);
        this.add(new JButton("中"), BorderLayout.CENTER);
        this.setTitle("边界布局测试");
        this.pack();
        this.setVisible(true);
        this.setDefaultCloseOperation(JFrame.EXIT_ON_CLOSE);
    }
    public static void main(String[] args) {
        new TestBorderLayout();
    }
}
```

(3)网格布局BorderLayout。

网格布局将容器按照指定的行数和列数平均分成若干网格,每个网格的高和宽都相同,只能放置一个组件。组件在加入容器时,按照添加顺序从左到右、从上到下依次放入。

【例程5】 网格布局示例如图17.5所示。

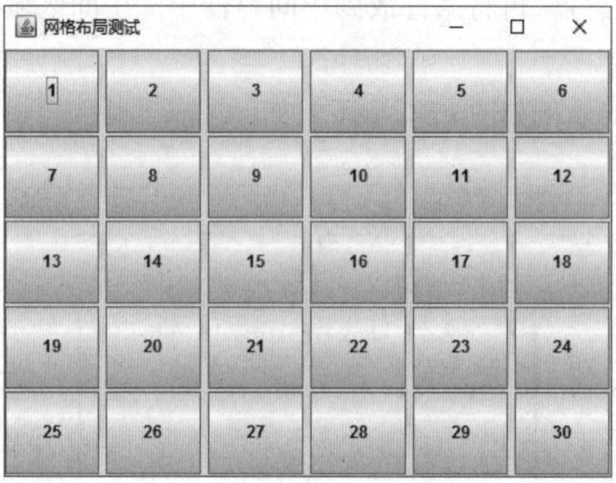

图17.5 网格布局示例

```java
public class TestGridLayout extends JFrame {
    JButton close = new JButton("关闭");
    public TestGridLayout() {
        // 创建5行6列的网格布局,水平间距5个像素垂直间距2个像素
        GridLayout gl = new GridLayout(5, 6);
        gl.setHgap(5);
        gl.setVgap(2);
        // 设置当前布局为网格布局
        this.setLayout(gl);
        for (int i = 0; i < 5; i++)
            for (int j = 0; j < 6; j++) {
                this.add(new JButton(Integer.toString(i * 6 + j + 1)));
            }
        this.setTitle("网格布局测试");
        ;
        this.setDefaultCloseOperation(JFrame.EXIT_ON_CLOSE);
        this.setVisible(true);
    }
    public static void main(String[] args) {
        new TestGridLayout();
    }
}
```

(4) 卡片布局BorderLayout。

卡片布局可以存储几个不同的布局,每个布局就像是一个卡片组中的一张卡片。在一个给定的时间总会有一张卡片在顶层。每当需要许多面板切换,而每个面板需要显示为不同布局时,可以使用卡片布局。卡片布局示例如图17.6所示。

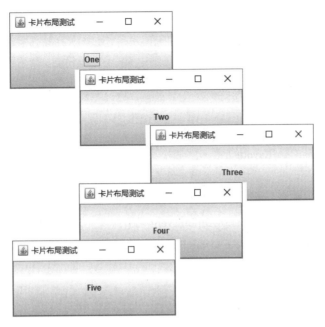

图17.6　卡片布局示例

```java
public class TestCardLayout extends JFrame implements ActionListener{
    JPanel f;
    CardLayout card;
    public TestCardLayout() {
        f = new JPanel();
        JButton b1 = new JButton("One");
        JButton b2 = new JButton("Two");
        JButton b3 = new JButton("Three");
        JButton b4 = new JButton("Four");
        JButton b5 = new JButton("Five");
        b1.addActionListener(this);
        b2.addActionListener(this);
        b3.addActionListener(this);
        b4.addActionListener(this);
        b5.addActionListener(this);
        card = new CardLayout();
        f.setLayout(card);
        f.add(b1, "1");
        f.add(b2, "2");
        f.add(b3, "3");
        f.add(b4, "4");
        f.add(b5, "5");
```

```
        this.add(f);
        this.setTitle("卡片布局测试");
        this.pack();
        this.setVisible(true);
    }
    public static void main(String args[]) {
        new TestCardLayout();
    }
    @Override
    public void actionPerformed(ActionEvent e) {
        // TODO Auto-generated method stub
        card.next(f);
    }
}
```

（5）自定义布局和setBounds方法。

如果在设计界面时希望按照自己的要求来摆放组件，Java允许进行自定义布局，自己设置组件的位置和大小。首先使用setLayout(null)方法将容器默认的布局清空，然后使用setLocation()、setSize()、setBounds()等方法设置组件的位置和大小。其中setBounds(int a,int b,int width,int height)方法参数a和b指定组件左上角在容器中的坐标，width和height指定组件的宽和高。也许大家觉得这种方法看起来很简单方便，但是Java的主要特性是跨平台，不使用布局是无法做到这一点的。另外，不使用布局管理器的界面在改变窗体大小时无法自动调整组件的位置和大小，这种布局显然不是一种友好的界面设置方式。

 任务实施

任务情境17.1

在Swing包中选择合适的组件及布局设计如图17.7所示的驾考预约界面。

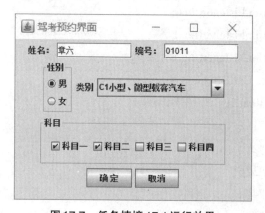

图17.7　任务情境17.1运行效果

引导问题1　如何设计该界面的布局?

_____

_____

引导问题2　如何实现单选按钮间的互斥功能?

_____

_____

引导问题3　查看API文档,思考如何为"性别"单选按钮组、"科目"复选框组添加边框和标题?

_____

_____

_____

任务情境调试记录可以记录在表17.10中。

表17.10　任务情境17.1调试记录

序号	错误或异常描述	解决方案	备注
1			
2			
3			
4			
5			

任务情境17.2

综合运用几种布局方式设计如图17.8所示的界面。

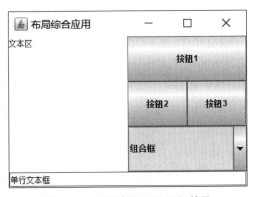

图17.8　任务情境17.2运行效果

引导问题1　该界面划分为几个区域比较合适?

_____

_____

引导问题2 每个区域应该使用哪种布局或者几种布局的组合?

任务情境调试记录可以记录在表17.11中。

表17.11 任务情境17.2调试记录

序号	错误或异常描述	解决方案	备注
1			
2			
3			
4			
5			

评价与考核

课程名称:Java程序设计	授课地点:	
任务17:常用组件和布局	授课教师:	授课时数:
课程性质:理实一体	综合评分:	

知识掌握情况得分(35分)				
序号	知识点	教师评价	分值	得分
1	Swing包中各种常用的组件		10	
2	布局管理器的作用		10	
3	常见布局的用法		15	

工作任务完成情况得分(65分)				
序号	能力操作考核点	教师评价	分值	得分
1	能够熟练运用Swing包中的各种基本组件		20	
2	能够根据具体要求正确设计界面布局		25	
3	能够根据业务需要,在API中准确地找到需要的方法并正确地加以运用		20	

违纪扣分(20分)				
序号	违纪描述	教师评价	分值	扣分
1	迟到、早退		3	
2	旷课		5	
3	课上吃东西		3	
4	课上睡觉		3	
5	课上玩手机		3	
6	其他违纪行为		3	

 任务小结

　　每个基本组件都有各自的作用,但只有放到布局中且摆正自己的位置才能构成一个有机的整体,从而通过人机交互实现沟通用户的功能。使用布局管理器来管理组件在容器中的摆放而并非通过直接设置组件的位置和大小的方式,可以保证图形用户界面具有良好的平台无关性。

　　在现实世界中,社会就相当于布局,人就相当于基本组件,是典型的整体与个体的关系。整体健康地前行,需要个体不断地调整,在这个过程中,一定有新的个体加入,从而壮大整体,也一定有不合整体的个体退出,以达到进化整体的目的。作为个体的人,需要在整体的社会中找到自己的定位,充分发挥个人能力,才能得到自由充分的发展。

 任务测试

选择题

1. 以下哪个组件可以实现人机交互?(　　　　)

　　A. JButton　　　　　　　　　　B. JTextField

　　C. JLabel　　　　　　　　　　　D. JPanel

2. 如果在界面中需要进行用户性别的选择,以下哪个组件最合适?(　　　　)

　　A. JRadioButton　　　　　　　　B. JButton

　　C. JList　　　　　　　　　　　　D. JMenu

3. 以下哪种布局将界面划分为东、西、南、北、中五个区域?(　　　　)

　　A. BorderLayout　　　　　　　　B. FlowLayout

　　C. CardLayout　　　　　　　　　D. GridLayout

4. 当容器大小改变时,以下哪种布局可以使组件不会随着容器的大小改变而改变?(　　　　)

　　A. BorderLayout　　　　　　　　B. FlowLayout

　　C. GridLayout　　　　　　　　　D. CardLayout

5. 以下哪个说法是正确的?(　　　　)

　　A. 布局管理器用于在网页上发布Java程序

　　B. 布局管理器用于设置组件在容器中的大小和位置

　　C. 布局管理器本质上是一个接口

　　D. 以上说法都不对

简答题

1. 简述添加完整菜单系统组件的流程。

2. 简述布局管理器的作用，Java中常用的几种布局及各自的特点。

程序设计题

1. 提前预习委托事件处理的内容，设计如图17.9所示的界面和弹出式菜单，通过弹出式菜单控制文本区中示例文字的颜色。要求窗口界面大小不允许调整，弹出式菜单包含5个菜单项，为"红色""蓝色""灰色"菜单项设置不同的热键和快捷键。

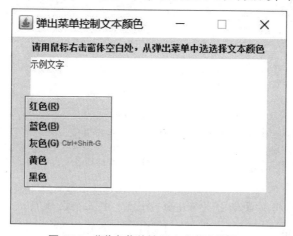

图17.9 "弹出菜单控制文本颜色"界面

2. 选择合适的布局方式设计一个尺寸为300×300的计算器界面，要求窗口界面大小不允许调整，具体效果如图17.10所示。

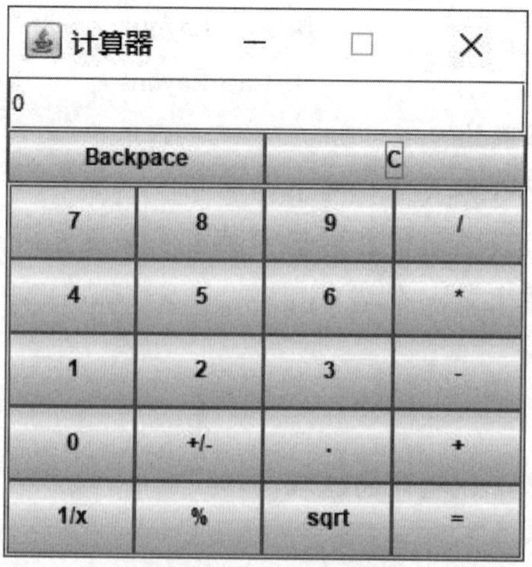

图17.10 "计算器"界面

任务 18　委托事件处理机制

本章实验

　　Java 中的 GUI 组件和用户的交互是通过具体的某个事件触发的。处理事件的过程采用了委托事件处理模型,即事件的处理委托给程序中对应的监听器类。本次任务介绍事件处理中的几个概念、委托事件处理模型的实现原理、事件处理程序的编写、Java 常用事件类等内容。

学习目标

　　(1) 了解事件处理中的几个概念;
　　(2) 理解委托事件处理的实现原理;
　　(3) 熟练掌握事件处理程序的编写过程;
　　(4) 了解 Java 中常用事件类及其接口。

知识准备

18.1　事件处理中的几个概念

18.1.1　事件

　　事件是用户在 GUI 图形用户界面上执行的一个具体操作,通常使用鼠标、键盘等各种输入设备来完成,比如在按钮上单击鼠标、在文本框中输入文本、移动鼠标等。当一个事件发生时,产生的是该事件类的对象。不同的事件类描述不同类型的用户动作。Java 中的事件类包含在 java.awt.event 和 javax.swing.event 包中。

18.1.2　事件源

　　产生事件的来源组件叫作事件源。比如在按钮上单击鼠标时,按钮就是事件源,此时会产生一个 ActionEvent 类型的事件。

18.1.3 事件处理器

事件处理器负责接收事件对象并进行相应处理。事件处理器包含在一个类中,该类的对象负责监测事件是否发生,若发生就激活事件处理器进入处理流程。

18.1.4 事件监听器

事件监听器负责监听事件是否发生,若发生就激活事件处理器进行处理,其实例就是事件监听器对象。事件监听器可以通过实现事件监听器接口或继承事件监听器适配器类来创建。

只有在事件源组件上注册了事件监听器,该组件才能监测到是否发生了某些事件,并且在事件发生时激活事件处理器调用相应的方法进行处理。可以通过以下方法进行事件监听器的注册:

addXxxListener(事件监听器对象)

其中Xxx对应相应的事件类。

18.2 委托事件处理的实现原理

每个事件源可能会同时产生若干种不同类型的事件,比如,当我们在按钮上单击鼠标时会产生动作事件和鼠标事件。在程序中有选择地去处理某些事件实现和用户的交互,为每个事件源指定一个或多个事件监听器,它们分别负责对某种事件的监听,当该事件发生时调用相应监听器中的方法。Java委托事件处理机制的原理如图18.1所示。

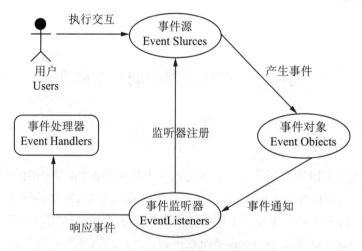

图18.1 Java委托事件处理机制模型

图形用户界面中注册了事件监听器的事件源组件和用户执行交互,当用户在该组件上执行了某个操作后产生了一个或多个事件对象并通知给相应的事件监听器,事件监听器根据传入的事件对象激活事件处理器中的方法做出处理。

针对同一个事件源组件的同一事件可以注册多个事件监听器;针对同一个事件源组件的多个事件可以注册同一个事件监听器进行处理;同一个监听器可以被注册到多个不同的事件源上。

18.3　事件处理程序的编写过程

事件处理程序的编写一般包含以下几个步骤:

(1) 定义事件处理类并实现监听器接口。

(2) 在事件处理类中重写事件处理的方法。

(3) 在GUI事件源组件上注册事件监听器。

下面以动作事件的处理为例来学习事件处理的流程。

【例程1】　设计一个界面,包含三个按钮,单击不同的按钮标签会显示当前单击的是哪个按钮以及总的单击次数,使用三种不同的方法处理按钮上发生的动作事件(图18.2)。

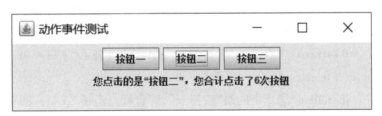

图18.2　例程1运行结果

方法1:实现动作事件监听器接口ActionListener创建动作事件处理类。

```java
//实现动作事件接口定义事件处理类
public class Click1 extends JFrame implements ActionListener {
    private JPanel jp = new JPanel();
    private JButton jb1 = new JButton("按钮一");
    private JButton jb2 = new JButton("按钮二");
    private JButton jb3 = new JButton("按钮三");
    private JButton[] jb = new JButton[] { jb1, jb2, jb3 };
    private JLabel jl = new JLabel("请点击按钮并记录按钮点击次数");
    private int count = 0;// 声明计数器count,初始化为0
    public Click1()
    {
        for (int i = 0; i < jb.length; i++) {
            jp.add(jb[i]);
            // 为事件源按钮注册动作事件监听器
```

```
                jb[i].addActionListener(this);
            }
        jp.add(jl);
        this.add(jp);
        this.setTitle("动作事件测试");
        this.setBounds(100, 100, 480, 130);
        this.setVisible(true);
        this.setDefaultCloseOperation(JFrame.EXIT_ON_CLOSE);
    }
    public static void main(String[] args) {
        new Click1();
    }
    // 在事件处理类中重写动作事件处理的方法
    @Override
    public void actionPerformed(ActionEvent e) {
        if (e.getSource() == jb1) {
            jl.setText("您点击的是"按钮一",您合计点击了" + (++count) + "次按钮");
        } else if (e.getSource() == jb2) {
            jl.setText("您点击的是"按钮二",您合计点击了" + (++count) + "次按钮");
        } else if (e.getSource() == jb3) {
            jl.setText("您点击的是"按钮三",您合计点击了" + (++count) + "次按钮");
        }
    }
}
```

方法2:定义内部类实现动作事件监听器接口 ActionListener 作为事件处理类。

```
public class Click2 extends JFrame {
    private JPanel jp = new JPanel();
    private JButton jb1 = new JButton("按钮一");
    private JButton jb2 = new JButton("按钮二");
    private JButton jb3 = new JButton("按钮三");
    private JButton[] jb = new JButton[] { jb1, jb2, jb3 };
    private JLabel jl = new JLabel("请点击按钮并记录按钮点击次数");
    private int count = 0;// 声明计数器 count,初始化为0
    private InnerAction ia = new InnerAction(); // 定义内部类对象作为动作事件监听器
    public Click2() {
        for (int i = 0; i < jb.length; i++) {
            jp.add(jb[i]);
```

```
            // 为事件源按钮注册动作事件监听器
            jb[i].addActionListener(ia);
        }
        jp.add(jl);
        this.add(jp);
        this.setTitle("动作事件测试");
        this.setBounds(100, 100, 480, 130);
        this.setVisible(true);
        this.setDefaultCloseOperation(JFrame.EXIT_ON_CLOSE);
    }
    public static void main(String[] args) {
        new Click2();
    }
    // 定义内部类实现动作事件监听器接口 ActionListener
    private class InnerAction implements ActionListener {
        @Override
        public void actionPerformed(ActionEvent e) {
            // TODO Auto-generated method stub
            if (e.getSource() == jb1) {
                jl.setText("您点击的是"按钮一",您合计点击了" + (++count) + "次按钮");
            } else if (e.getSource() == jb2) {
                jl.setText("您点击的是"按钮二",您合计点击了" + (++count) + "次按钮");
            } else if (e.getSource() == jb3) {
                jl.setText("您点击的是"按钮三",您合计点击了" + (++count) + "次按钮");
            }
        }
    }
}
```

方法3:直接创建动作事件监听器接口匿名对象并实现其中的事件处理方法。

```
public class Click3 extends JFrame {
    private JPanel jp = new JPanel();
    private JButton jb1 = new JButton("按钮一");
    private JButton jb2 = new JButton("按钮二");
    private JButton jb3 = new JButton("按钮三");
    private JButton[] jb = new JButton[] { jb1, jb2, jb3 };
    private JLabel jl = new JLabel("请点击按钮并记录按钮点击次数");
    private int count = 0;// 声明计数器count,初始化为0
```

```java
        public Click3() {
            for (int i = 0; i < jb.length; i++) {
                jp.add(jb[i]);
                // 直接创建动作事件监听器接口匿名对象并实现actionPerformed方法为
事件源按钮注册动作事件监听器
                jb[i].addActionListener(new ActionListener() {
                    @Override
                    public void actionPerformed(ActionEvent e) {
                        // TODO Auto-generated method stub
                        if (e.getSource() == jb1) {
                            jl.setText("您点击的是“按钮一”,您合计点击了" + (++
count) + "次按钮");
                        } else if (e.getSource() == jb2) {
                            jl.setText("您点击的是“按钮二”,您合计点击了" + (++
count) + "次按钮");
                        } else if (e.getSource() == jb3) {
                            jl.setText("您点击的是“按钮三”,您合计点击了" + (++
count) + "次按钮");
                        }
                    }
                });
            }
            jp.add(jl);
            this.add(jp);
            this.setTitle("动作事件测试");
            this.setBounds(100, 100, 480, 130);
            this.setVisible(true);
            this.setDefaultCloseOperation(JFrame.EXIT_ON_CLOSE);
        }
        public static void main(String[] args) {
            new Click3();
        }
    }
```

18.4　Java中常用事件类及其接口

java.awt.event包中为所有的事件均定义了事件监听器接口XXXListener。由于接口本身的特性,意味着该接口的实现类必须重写接口中所有的方法。但实际应用中可能只需要实现其中某个事件处理方法来对事件做出响应,此时若采用实现事件监听器接口的方式来处理事件可能会导致程序变得非常复杂,因此Java为那些事件处理方法在一个以上的事件定义了事件监听适配器类XXXAdapter。事件监听器接口定义了处理事件必须实现的方法,事件监听器适配器类是对事件监听器接口的简单实现,目的是减少编程的工作量。

表18.1　不同事件监听器接口与适配器

事件名称	监听器接口名	监听器适配器类名
动作	ActionListener	无
项目	ItemListener	无
调整	AdjustmentListener	无
组件	ComponentListener	ComponentAdapter
鼠标按钮	MouseListener	MouseAdapter
鼠标移动	MouseMotionListener	MouseMotionAdapter
窗口	WindowListener	WindowAdapter
键盘	KeyListener	KeyAdapter
聚焦	FocusListener	无

知识拓展

通过继承监听适配器类XXXAdapter的方式处理事件只需实现事件对应的处理方法,而不要重写过多无用的方法。要注意并不是所有的事件都有对应的事件监听适配器类,只有在监听器接口中提供了一个以上方法的事件才提供相应的适配器类。因此,继承事件监听器适配器类是Java提供的一种简单的事件处理方法。

Java中将所有事件源可能发生的事件按照共同特征进行分类,被抽象成一个一个的事件类XXXEvent,每个事件类有以下常用的方法:

public int getID()用于返回事件的类型。

public Object getSource()用于返回发生事件的事件源。当多个事件源触发的事件由共同的监听器处理时,可以通过该方法判断当前事件源是哪一个组件。

表18.2　Java中常用事件类及其接口常用方法

事件类/接口名称	接口中常用方法及说明
ActionEvent动作事件类 ActionListener接口	actionPerformed(ActionEvent e) 单击按钮、选择菜单项或在文本框中按回车时

事件类/接口名称	接口中常用方法及说明
AdjustmentEvent 调整事件类 AdjustmentListener 接口	adjustmentValueChanged(AdjustmentEvent e) 改变滚动条滑块位置时
ComponentEvent 组件事件类 ComponentListener 接口	componentMoved(ComponentEvent e)组件移动时 componentHidden(ComponentEvent e)组件隐藏时 componentResized(ComponentEvent e)组件缩放时 componentShown(ComponentEvent e)组件显示时
ContainerEvent 容器事件类 ContainerListener 接口	componentAdded(ContainerEvent e)添加组件时 componentRemoved(ContainerEvent e)移除组件时
FocusEvent 焦点事件类 FocusListener 接口	focusGained(FocusEvent e)组件获得焦点时 focusLost(FocusEvent e)组件失去焦点时
ItemEvent 选择事件类 ItemListener 接口	itemStateChanged(ItemEvent e) 选择复选框、组合框、单击列表框、选中带复选框菜单时
KeyEvent 键盘事件类 KeyListener 接口	keyPressed(KeyEvent e)键按下时 keyReleased(KeyEvent e)键释放时 keyTyped(KeyEvent e)击键时
MouseEvent 鼠标事件类 MouseListener 接口	mouseClicked(MouseEvent e)单击鼠标时 mouseEntered(MouseEvent e)鼠标进入时 mouseExited(MouseEvent e)鼠标离开时 mousePressed(MouseEvent e)鼠标键按下时 mouseReleased(MouseEvent e)鼠标键释放时
MouseEvent 鼠标移动事件类 MouseMotion Listener 接口	mouseDragged(MouseEvent e)鼠标拖放时 mouseMoved(MouseEvent e)鼠标移动时
TextEvent 文本事件类 TextListener 接口	textValueChanged(TextEvent e) 文本框、多行文本框内容修改时
WindowEvent 窗口事件类 WindowListener 接口	windowOpened(WindowEvent e)窗口打开后 windowClosed(WindowEvent e)窗口关闭后 windowClosing(WindowEvent e)窗口关闭时 windowActivated(WindowEvent e)窗口激活时 windowDeactivated(WindowEvent e)窗口失去焦点时 windowlconified(WindowEvent e)窗口最小化时 windowDeiconified(WindowEvent e)最小化窗口还原时

【例程2】 按照图18.3所示界面设计一个计算器,响应动作事件点击"清空"按钮清空文本框中的输入,点击"关闭"按钮退出计算器,并实现计算器中的各项计算功能。

图18.3   例程2运行结果

```java
public class Calculator extends JFrame implements ActionListener {
    JPanel p1 = new JPanel();
    JPanel p2 = new JPanel();
    JPanel p3 = new JPanel();
    JTextField txt;
    private JButton[] b = new JButton[17];
    private String ss[] = { "7", "8", "9", "+", "4", "5", "6", "-", "1", "2", "3", "*", "清空",
"0", "=", "/", "关闭" };
    static double a;
    static String s, str;// 定义变量创建对象
    public static void main(String args[]) {
        new Calculator();
    }
    public Calculator() { // 构造方法
        super("计算器");
        for (int i = 0; i <= 16; i++) { // 完成所有按钮的初始化
            b[i] = new JButton(ss[i]);
        }
        for (int i = 0; i <= 15; i++) { // 将16个按钮添加至中间容器P2中
            p2.add(b[i]);
        } // 创建按钮并添加到P2
        b[16].setBackground(Color.yellow);
        txt = new JTextField(20);
        for (int i = 0; i <= 16; i++) {
            b[i].addActionListener(this);// 注册监听器
        }
        this.setBackground(Color.red);
```

```
            p1.setLayout(new BorderLayout());
            p1.add(txt, "North");
            p2.setLayout(new GridLayout(4, 4));
            p3.setLayout(new BorderLayout());
            p3.add(b[16]);
            this.add(p1, "North");
            this.add(p2, "Center");
            this.add(p3, "South");
            this.pack();
            this.setVisible(true);
            this.setDefaultCloseOperation(EXIT_ON_CLOSE);
        }
        // 重写 actionPerformed 方法根据事件源判断点击了哪个按钮
        public void actionPerformed(ActionEvent e) {
            JButton btn = (JButton) e.getSource();
            if (btn.getLabel() == "=") {
                cal();
                str = String.valueOf(a);
                txt.setText(str);
                s = "";
            } else if (btn.getLabel() == "+") {
                cal();
                txt.setText("");
                s = "+";
            } else if (btn.getLabel() == "−") {
                cal();
                txt.setText("");
                s = "−";
            } else if (btn.getLabel() == "/") {
                cal();
                txt.setText("");
                s = "/";
            } else if (btn.getLabel() == "*") {
                cal();
                txt.setText("");
                s = "*";
            } else if (btn.getLabel() == "关闭") {
                System.exit(0);
```

```
    } else {
        txt.setText(txt.getText() + btn.getLabel());
        if (btn.getLabel() == "清空")
            txt.setText("");
    }
}
//计算方法
public void cal() {
    if (s == "+")
        a += Double.parseDouble(txt.getText());
    else if (s == "-")
        a -= Double.parseDouble(txt.getText());
    else if (s == "*")
        a *= Double.parseDouble(txt.getText());
    else if (s == "/")
        a /= Double.parseDouble(txt.getText());
    else
        a = Double.parseDouble(txt.getText());
}
}
```

 任务实施

任务情境

按照图18.4所示的效果设计一个GUI,通过键盘上的上、下、左、右键或W、S、A、D键控制带图标的按钮在容器内的自由移动。

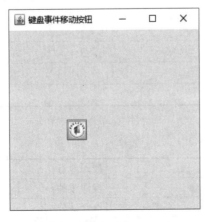

图18.4　任务情境运行效果

引导问题1　键盘上的每个按键都有一个码值,对键盘事件对象使用getKeyCode方法可以获取该值。请查看API文档,考虑如何使用该方法获取当前按下的是哪个键,从而控制按钮的移动。

_____

_____

引导问题2　要使带图标按钮在容器中自由移动应该如何设置该容器的布局?

_____

_____

引导问题3　如果通过实现KeyListener接口的方法创建键盘事件监听器类,应该把按键的判断及按钮移动的过程放到哪个事件处理方法中?

_____

_____

引导问题4　如何实现带图标按钮首次运行时出现的位置是随机的?

_____

_____

引导问题5　如何使带图标按钮在移动时不会移出窗体的边界?

_____

_____

_____

任务情境调试记录可以记录在表18.3中。

表18.3　任务情境调试记录

序号	错误或异常描述	解决方案	备注
1			
2			
3			
4			
5			

评价与考核

课程名称:Java程序设计	授课地点:	
任务18:委托事件处理机制	授课教师:	授课时数:
课程性质:理实一体	综合评分:	
知识掌握情况得分(35分)		

序号	知识点	教师评价	分值	得分
1	事件处理中的几个概念		5	
2	委托事件处理的实现原理		5	
3	事件处理程序的编写过程		15	
4	Java 中常用事件类及其接口		10	
工作任务完成情况得分(65分)				
序号	能力操作考核点	教师评价	分值	得分
1	能够正确使用 getKeyCode 方法获取事件源按键并使按钮正常移动		20	
2	GUI 界面设计合理,布局正确		15	
3	能够正确熟练地利用事件监听器接口处理键盘事件		20	
4	正确实现按钮首次出现位置随机且不会移除窗体		10	
违纪扣分(20分)				
序号	违纪描述	教师评价	分值	扣分
1	迟到、早退		3	
2	旷课		5	
3	课上吃东西		3	
4	课上睡觉		3	
5	课上玩手机		3	
6	其他违纪行为		3	

任务小结

　　GUI 可以接收用户的输入,也可以判断用户执行的操作。但是 GUI 并不对用户执行的操作结果负责,而是委托给专门的事件处理程序进行处理,把产生事件的代码和处理事件的代码通过委托者给隔离开来。这样做的好处就是解耦,即事件源并不需要知道到底是哪个类的方法处理事件。简单地说,A 产生的事件,传递给委托者 B,B 再传递给 C 来实现事件的处理。

　　委托模式(delegation pattern)是软件设计模式中的一项基本技巧,在现实生活中也是普遍存在的。一个人的能力再强,也难以支撑整个团队,在集体合作中,我们要努力做到分工协作、互帮互助、优势互补,这样才能将集体中每个成员的潜能充分地发挥出来。

任务测试

选择题

1. 事件的监听和处理（　　　）。

    A. 由产生的事件 Listener 处注册过的组件完成

    B. 由 Listener 和组件分别完成

    C. 由 Listener 和窗体分别完成

    D. 都由 Listener 完成

2. 下列哪种事件没有定义事件监听适配器类？（　　　）

    A. ActionEvent　　　　　　　　B. ComponentEvent

    C. KeyEvent　　　　　　　　　D. WindowEvent

3. 要获取产生的动作事件的事件源,可以用以下哪个方法？（　　　）

    A. itemStateChanged(ItemEvent e)

    B. getSource()

    C. keyTyped(KeyEvent e)

    D. mouseExited(MouseEvent e)

4. 以下哪个不是键盘事件的处理方法？（　　　）

    A. keyTyped(KeyEvent e)　　　　　B. keyReleased(KeyEvent e)

    C. keyPressed(KeyEvent e)　　　　　D. mouseEntered(MouseEvent e)

5. 以下哪个选项是鼠标移动事件监听器接口？（　　　）

    A. MouseListener

    B. MouseMotionListener

    C. MouseWheelListener

    D. MouseMotionAdapter

6. 当用户单击了界面中的 JRadioButton 按钮时,会产生以下哪个选项中的事件？
（　　　）

    A. 1个 ActionEvent 和 1 或 2 个 ItemEvent

    B. 2个 ActionEvent 和 1 个 ItemEvent

    C. 1个 ActionEvent

    D. 1个 ActionEvent 和 1 个 FocusEvent

简答题

1. 简述委托事件处理机制的原理。

2. 简述实现XXXListener接口和集成XXXAdapter类处理事件的区别和联系。

三、程序设计题

1. 使用Swing包中的组件设计如图18.5所示的"鼠标事件翻牌"界面,当鼠标移动到扑克牌上方时翻开该张牌,当鼠标移开时显示扑克牌的背面。提示:扑克牌使用JLabel组件,并为其添加扑克牌样式的图标,使用自定义布局摆放四个JLabel,实现鼠标事件监听器接口中的mouseEntered(MouseEvent e)和mouseExited(MouseEvent e)方法控制扑克牌图片的翻转,如图18.6所示。

图18.5　"鼠标事件翻牌"界面

图18.6　鼠标移动到某张牌上方发生翻转

2. 使用Swing包中的组件设计如图18.7所示的"选择事件字体设置"界面。提示:字体使用JComboBox组件,字形使用JCheckBox组件,字号使用List组件,字体颜色使用JRadioButton组件,实现选项事件监听器接口中的itemStateChanged(ItemEvent evt)方法用于控制选项的切换,并将选择的字体、字形、字号、字体颜色应用到文本框中的文字上。

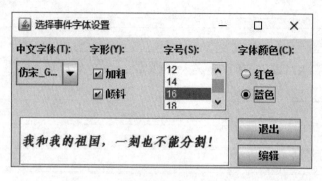

图18.7 "选择事件字体设置"界面

项目6 文件的操作

本项目主要介绍Java文件操作的相关内容,包括目录与文件的管理、文件的顺序访问和文件的随机访问等。

◇ 任务19　Java文件和目录的操作
◇ 任务20　输入输出流和文件的顺序访问
◇ 任务21　文件的随机访问

任务19　Java文件和目录的操作

本章实验

　　文件是操作系统组织和管理数据的基本结构,而目录是用来协助人们管理计算机文件的路径。Java提供了一个File类来为用户建立文件,实现文件的存入、读出、修改、转储,控制文件的存取,以及当用户不再使用某文件时对其进行删除等操作。本次任务介绍File类和文件选择器JFileChooser的用法。

学习目标

　　(1) 理解Java中文件和目录路径名的抽象表示形式;
　　(2) 熟练掌握File类的常用方法;
　　(3) 能够熟练进行文件的创建、复制、删除、属性设置等操作;
　　(4) 熟练掌握JFileChooser的各种用法。

知识准备

19.1　Java中的文件和目录路径

　　用户界面和操作系统使用与系统相关的路径名字符串来命名文件和目录。在创建文件或目录时需要先知道其路径,Java中的路径分为绝对路径、相对路径、抽象路径三类。

19.1.1　绝对路径

　　绝对路径就是文件或目录在系统中的实际位置。比如当前系统"C:\Program Files\nodejs"目录下有一个"node.exe"文件,那么"C:\Program Files\nodejs\node.exe"就是其绝对路径。

19.1.2　相对路径

　　相对路径指文件或目录的位置相对于当前系统目录的位置。比如当前处于"C:\Program Files”目录下,要找的文件绝对路径为“C:\Program Files\nodejs\node.exe”,这时的相对路径就是“nodejs\node.exe”。

19.1.3　抽象路径

为了方便对不同操作系统路径命名规则进行统一的处理,Java可以使用抽象路径名代表不同系统的路径名。抽象路径名的意义在于程序逻辑编程中,直接以抽象路径代表不同系统下的路径,程序员不用考虑路径在不同系统的具体差异性。抽象路径可能不存在,但是在new File(抽象路径)后就真实存在变成绝对路径或者相对路径了。

19.2　File类的构造方法

Java中进行文件或目录管理时需要用到java.io包中的File类,该类描述文件对象的属性,包括获取文件的大小、是否读写、文件路径、文件清单列表等,实现文件目录新建、删除等。使用File类时,先生成实例,代表磁盘文件对象。其构造方法如表19.1所示。

表19.1　File类的构造方法

方法名	方法功能
File(File parent, String child)	根据 parent 抽象路径名和 child 路径名字符串创建一个新 File 实例
File(String pathname)	通过将给定路径名字符串转换为抽象路径名来创建一个新 File 实例
File(String parent, String child)	根据 parent 路径名字符串和 child 路径名字符串创建一个新 File 实例
File(URI uri)	通过将给定的 file: URI 转换为一个抽象路径名来创建一个新 File 实例

以下代码用四种方式创建四个File对象。

File filePath = new File(“d:/Java2022”);

File file1 = new File(filePath,“f1.txt”);

File file2 = new File(“d:/java2022/f2.txt”);

File file3 = new File(“d:/java2022”,“f3.txt”);

File file4 = new File(new URI(“file:///d:/java2022/f4.txt”));

需要注意的是,使用File的构造方法只是生成一个文件对象,并没有生成真正的文件,最后还要调用createNewFile()方法完成磁盘文件的创建。

知识拓展

在不同操作系统下路径的分隔符也是不一样的。Windows系统下的分隔符为“\”,Linux系统的分隔符为“/”,由于Java中“\”带有转义的作用,因此在Java中通常用双反斜杠“\\”来表示 Windows 风格的分割符。为了使程序更通用,在设置目录时一般先通过 System.getProperty("os.name")来获取当前的操作系统,再通过 File 类的分隔符常量进行设置。目录和路径要区分开,目录里的是目录分隔符,路径里的是路径分隔符,分别对应了 File 中的 4 个分隔符常量 separator、separatorChar、pathSeparator 和 pathSeparatorChar。

19.3　File 类的常用方法

File 类是唯一代表磁盘文件对象的类,拥有许多关于文件的属性和方法。同时 Java 将目录也看成一种特殊的文件,因此,File 类提供的成员方法中有的是针对文件处理的,有的是针对目录处理的,还有一些属于文件目录通用的方法。File 类常用的方法如表 19.2 所示。

表 19.2　File 类的常用方法

方法名	方法功能
isDirectory()	判断此 File 对象代表的路径是不是文件夹,只有 File 对象代表路径存在且是一个目录时才返回 true,否则返回 false
isFile()	判断此 File 对象代表的路径是否是一个标准文件,只有 File 对象代表路径存在且是一个标准文件时才返回 true,否则返回 false
getPath()	返回 File 对象所表示的字符串路径
getName()	返回此对象表示的文件或目录最后一级文件夹名称
getParent()	返回此 File 对象的父目录路径名;如果此路径名没有指定父目录,则返回 null
getParentFile()	返回 File 对象的父目录 File 实例;如果 File 对象没有父目录,则返回 null
renameTo()	重新命名此 File 对象表示的文件,重命名成功返回 true,否则返回 false
mkdir()	创建此 File 类对象指定的目录(文件夹),不包含父目录。创建成功返回 true,否则返回 false
mkdirs()	创建此 File 对象指定的目录,包括所有必需但不存在的父目录,创建成功返回 true,否则返回 false。注意,此操作失败时也可能已经成功地创建了一部分必需的父目录
createNewFile()	如果指定的文件不存在并成功地创建,则返回 true;如果指定的文件已经存在,则返回 false;如果所创建文件所在目录不存在则创建失败并出现 IOException 异常
exists()	判断文件或目录是否存在
delete()	删除 File 类对象表示的目录或文件。如果该对象表示一个目录,则该目录必须为空才能删除;文件或目录删除成功返回 true,否则 false
list()	返回由 File 类对象对应目录包含文件名或文件夹名组成的字符串数组

续表

方法名	方法功能
listFiles()	返回由当前File类对象对应目录包含文件路径或文件夹路径组成的File类型的数组
separator	指定文件或目录路径时使用斜线或反斜线,但是考虑到跨平台,斜线反斜线最好使用File类的separator属性来表示
isHidden()	是否是一个隐藏的文件或是否是隐藏的目录
isAbsolute()	测试此抽象路径名是否为绝对路径名
getAbsolutePath()	获取文件的绝对路径,与文件是否存在没关系
length()	获取文件的大小(字节数),如果文件不存在则返回0L,如果是文件夹也返回0L
lastModified()	获取最后一次被修改的时间

【**例程1**】 使用File类中的相关方法测试某个文件的路径信息。

```java
public class FilePath {
    public static void main(String[] args) {
        File file = new File("C:/Program Files/nodejs/node.exe");
        if(file.isDirectory()) //判断该路径是否为文件夹
        {
            System.out.println("YES");
        }else{
            System.out.println("NO");
        }
        if(file.isFile()) //判断该路径是否为文件
        {
            System.out.println("yes");
        }else{
            System.out.println("no");
        }
        System.out.println(file.getPath()); //路径名称
        System.out.println(file.getName()); //最后一层名称
        System.out.println(file.getParent()); //去掉最后一层的路径名称
        File file1 = file.getParentFile(); //返回File实例,路径为去掉最后一层的路径
        System.out.println(file1.getPath());
    }
}
```

程序运行结果如图19.1所示。

```
Problems  @ Javadoc  Declaration  Console ☒
<terminated> FilePath [Java Application] C:\Program Files\Java\jre1.8.0_121\bin\javaw.exe (2022年3月25日 上午9:22:52)
NO
yes
C:\Program Files\nodejs\node.exe
node.exe
C:\Program Files\nodejs
C:\Program Files\nodejs
```

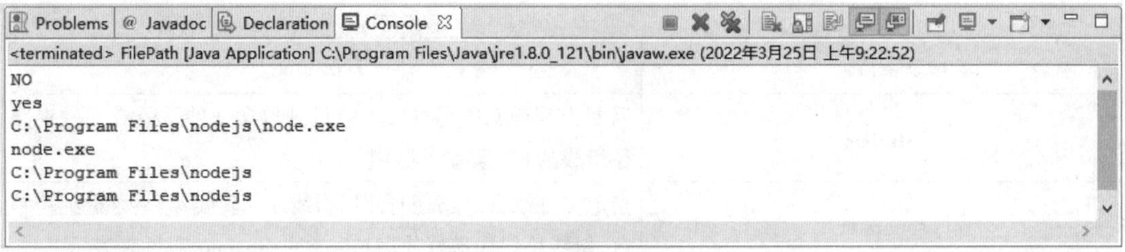

图 19.1 例程 1 运行结果

【例程 2】　使用 File 类中的相关方法完成文件及路径的创建,并测试文件的相关属性。

```java
public class FileAttribute {
    public static void main(String[] args) {
        File file = new File("e:/java2022/fyzy.txt");
        System.out.println(file.renameTo(new File("e:/java2022/gckjxy.txt"))); // 重命名,
括号中必须是File实例
        System.out.println(file.isHidden()); // 判断文件是否隐藏
        System.out.println(file.length()); // 输出文件的长度
        System.out.println(file.canWrite()); // 判断文件是否可写
        Boolean flag = new File("e:/java2022/yangfei").mkdir(); // 创建一层文件夹
        System.out.println(flag);
        flag = new File("e:/java2022/a/b").mkdirs(); // 可以创建多层文件夹
        System.out.println(flag);
        try {
            flag = new File("e:/java2022/a.doxc").createNewFile(); // 创建一层文件
        } catch (IOException e) {
            // TODO Auto-generated catch block
            e.printStackTrace();
        }
        System.out.println(flag);
        System.out.println(new File("e:/java2022/a.docx").exists()); // 判断该文件或者文
件夹是否存在
        File file1 = new File("e:" + File.separator + "java2022"); // File.separator会根据
操作系统自动生成\\或者/
        String[] names = file1.list(); // 返回该文件夹下的文件名称和文件夹名称
        for (String name : names) {
            System.out.println(name);
        }
        File[] files = file1.listFiles(); // 返回该文件夹下的文件和文件夹的File实例数组
        for (File file2 : files) {
            System.out.println(file2.getPath());// 输出路径
```

```
    }
   }
 }
```

程序运行结果如图19.2所示。

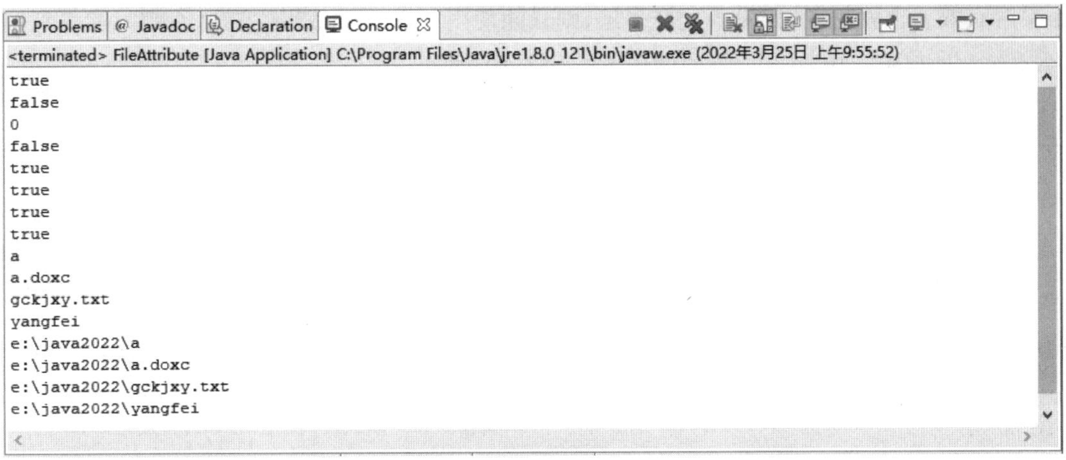

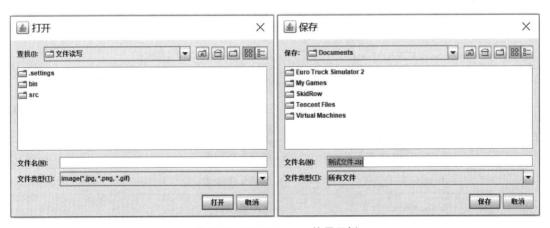

图19.2 例程2运行结果

19.4 JFileChooser类的用法

当我们在使用图形化应用程序时经常需要用到如图19.3所示的文件选择器来进行文件的选择和保存,这种文件导航窗口对应了javax.swing包里的JFileChooser类,该类为用户选择文件提供了一种简单的机制。

图19.3 JFileChooser使用示例

JFileChooser文件选择器的使用主要包含以下几个参数:

(1)当前路径。就是它第一次打开时所在的路径,许多软件将其设置为桌面。

(2)文件过滤器。通过设置文件过滤器,可以使特定类型的文件可见,比如文本、图片、音频等。

（3）选择模式。包含三种情况：仅文件，仅目录，文件或目录。

（4）是否允许多选。

在具体使用时需要注意getSelectedFiles()方法，它只在isMultiSelectionEnable()方法返回true时有效。也就是说，如果不允许多选，则只能使用getSelectedFile()方法，否则只能得到一个空的文件列表。JFileChooser的常用方法如表19.3所示。

表19.3　JFileChooser的常用方法

方　法	说　明
JFileChooser()	构造一个指向用户默认目录的 JFileChooser
JFileChooser(File currentDirectory)	使用给定的 File 作为路径来构造一个 JFileChooser
JFileChooser(FilecurrentDirectory,FileSystemView fsv)	使用给定的当前目录和 FileSystemView 构造一个 JFileChooser
accept(File f)	如果应该显示该文件，则返回 true；否则返回 false
addActionListener(ActionListener l)	向文件选择器添加一个 ActionListener
addChoosableFileFilter(FileFilter filter)	向用户可选择的文件过滤器列表添加一个过滤器
approveSelection()	此方法导致使用等于 APPROVE_SELECTION 的命令字符串激发一个操作事件
cancelSelection()	此方法导致使用等于 CANCEL_SELECTION 的命令字符串激发一个操作事件
changeToParentDirectory()	将要设置的目录更改为当前目录的父级
ensureFileIsVisible(File f)	确保指定的文件是可见的，不是隐藏的
fireActionPerformed(String command)	通知对此事件类型感兴趣的所有侦听器，使用command参数以延迟方式创建事件实例
getAcceptAllFileFilter()	返回 AcceptAll 文件过滤器
getAccessory()	返回 Accessory 组件
getActionListeners()	返回在此文件选择器上注册的所有操作侦听器的数组
getCurrentDirectory()	返回当前目录
getDescription(File f)	返回文件描述
getName(File f)	返回文件名
setSelectedFile(File file)	设置选中的文件。如果该文件的父目录不是当前目录，则将当前目录更改为该文件的父目录
setup(FileSystemView view)	执行公共的构造方法初始化和设置
showOpenDialog(Component parent)	弹出一个 "Open File 文件选择器" 对话框

【例程3】 使用JFileChooser选择一个文件和文件夹,判断选中的对象是文件还是文件夹,并在控制台打印选中文件或文件夹的路径。

```java
public class FileChooser extends JFrame implements ActionListener {
    JButton open = null;
    public FileChooser() {
        open = new JButton("打开");
        this.add(open);
        this.setBounds(400, 200, 100, 100);
        this.setVisible(true);
        this.setDefaultCloseOperation(JFrame.EXIT_ON_CLOSE);
        open.addActionListener(this);
    }
    @Override
    public void actionPerformed(ActionEvent arg0) {
        // TODO Auto-generated method stub
        JFileChooser jfc = new JFileChooser();
        jfc.setFileSelectionMode(JFileChooser.FILES_AND_DIRECTORIES);
        jfc.showDialog(new JLabel(), "选择");
        File file = jfc.getSelectedFile();
        if (file.isDirectory()) {
            System.out.println("文件夹:" + file.getAbsolutePath());
        } else if (file.isFile()) {
            System.out.println("文件:" + file.getAbsolutePath());
        }
        System.out.println(jfc.getSelectedFile().getName());
    }
    public static void main(String[] args) {
        // TODO Auto-generated method stub
        new FileChooser();
    }
}
```

程序运行结果如图19.4所示。

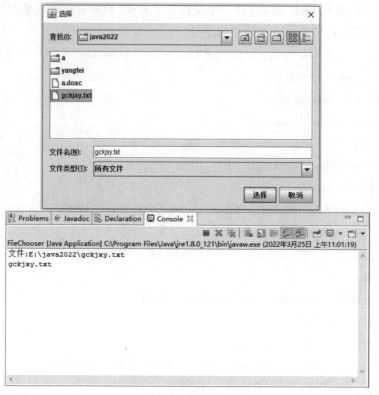

图19.4 例程3运行结果

任务实施

任务情境

使用GUI技术及文件选择器JFileChooser从磁盘中选择一幅图片并正常加载显示，具体要求如下：

（1）创建如图19.5所示的界面，设置工具按钮栏添加"选择图片"按钮，定义一个标签用于加载图片。

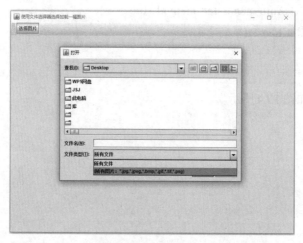

图19.5 点击"选择图片"按钮打开文件选择器

（2）点击"选择图片"按钮弹出文件选择器，并限制打开的文件类型为jpg、jpeg、png、tif、bmp、gif等常见图片格式的文件。

（3）使用文件选择器选择一幅图片，获取该文件对象将其绑定到标签上，设置标签居中显示在窗口的center位置。

（4）要求图片第一次就能加载成功，并且每次最小化窗口、窗口大小改变并还原后，图片仍能正常显示。

任务情境运行效果如图19.6所示。

图19.6 任务情境运行效果

引导问题1　JToolBar用于创建工具按钮栏，查看API中该类的用法。

_____

_____

引导问题2　根据任务描述思考该界面的布局应该如何设计。

_____

_____

引导问题3　思考如何使用JFileChooser选择图片并绑定至指定组件。

_____

_____

引导问题4　可通过定义一个内部类继承FileFilter并重写accept、getDescription方法实现文件类型的过滤，查看API中FileFilter的用法。

_____

_____

引导问题5　updateUI、repaint方法用于界面的动态刷新,查询API并思考如何使用这两个方法使界面大小调整后能够动态重绘组件。

_____

_____

_____

任务情境调试记录可以记录在表19.4中。

表19.4　任务情境调试记录

序号	错误或异常描述	解决方案	备注
1			
2			
3			
4			
5			

评价与考核

课程名称:Java程序设计	授课地点:	
任务19:Java文件和目录的操作	授课教师:	授课时数:
课程性质:理实一体	综合评分:	

知识掌握情况得分(35分)

序号	知识点	教师评价	分值	得分
1	文件和目录路径名的抽象表示形式		5	
2	File类的各种方法		15	
3	文件选择器JFileChooser的各种方法		15	

工作任务完成情况得分(65分)

序号	能力操作考核点	教师评价	分值	得分
1	能够正确设计界面及布局,事件响应正确		10	
2	能够通过点击按钮弹出文件选择器		20	
3	文件选择器能够正确地过滤图片类型的文件		20	
4	界面大小改变时能够动态重绘界面组件		15	

违纪扣分(20分)

序号	违纪描述	教师评价	分值	扣分
1	迟到、早退		3	
2	旷课		5	

续表

3	课上吃东西		3	
4	课上睡觉		3	
5	课上玩手机		3	
6	其他违纪行为		3	

任务小结

　　文件作为最古老的信息载体，从甲骨文到缩微图书，从《易经》到马克思主义中国化，中华民族的每一次进步、每一场欢欣鼓舞、每一回悲伤哀恸，都凝结在一份份无声的文件中。这些文件背后的光辉超越了时间与空间，记录历史变迁、推动科技发展、创造文化潮流，最终形成了我们"四个自信"的历史和实践源泉。

　　在现代计算机系统中，用户的程序和数据，操作系统自身的程序和数据，甚至各种输出输入设备，都是以文件形式出现的。尽管文件有多种存储介质可以使用，但它们都以文件的形式出现在操作系统的管理者和用户面前。在Java中可以通过File类定义的一些与平台无关的方法来处理文件和文件系统的相关信息，但这些方法不具有从文件读取数据和向文件写入数据的功能，它们仅用来描述文件本身的属性。

任务测试

选择题

1. 下面哪个类可以用来创建目录?(　　　　)

　　A. FileOutPutStream

　　B. File

　　C. JFileChooser

　　D. DataInput

2. 以下哪个方法可以用来获取文件最后一次修改的时间?(　　　　)

　　A. delete()　　　　　　　　　　B. list()

　　C. lastModified()　　　　　　　D. isFile()

3. File类中mkdirs()方法用来(　　　　)。

　　A. 建立多级目录

　　B. 判断文件或目录是否存在

　　C. 判断文件或目录是否隐藏

　　D. 判断文件或目录是否为绝对路径

4. File类中用来获得该路径下的文件或文件夹是(　　　　)。

　　A. listFiles()　　　　　　　　　B. delete()

　　　　C. list()　　　　　　　　　　　D. listRoots()

5. JFileChooser类中哪个方法用来得到选中文件的文件名?(　　　)

　　A. getAccessory()

　　B. getName(File f)

　　C. cancelSelection()

　　D. showOpenDialog(Component parent)

6. 以下方法中不能生成一个文件或目录的是(　　　)。

　　A. File f1=new File("e:\\java2022\\faye.txt");

　　B. File f2=new File("e:\java2022\faye.txt");

　　C. File f3=new File("e:/java2022/faye.txt");

　　D. File f4=new File("e:\\java2022","faye.txt");

简答题

1. 简述相对路径、绝对路径和抽象路径的区别。

_____

_____

_____

_____

2. 简述文件选择器JFileChooser在使用时的主要参数有哪几个,分别有什么作用。

_____

_____

_____

_____

程序设计题

1. 编写一个程序,判断e:\fyzy目录中的test.java文件是否可读,该文件的长度和绝对路径。

2. 编写一个程序Demo.java存放在目录e:\fyzy\abc下。调用File的方法获取文件Demo.java的相关信息,包括文件长度、是否可读、是否可写、绝对路径、最后一次修改的时间(以"YY年MM月DD日　HH:mm:ss"格式输出)。

3. 利用File类中的方法完成以下文件的操作。

(1) 在e盘下创建news文件夹(mkdir()创建文件夹)。

(2) 在news文件夹下创建2个.docx文件,2个.java文件,2个.txt的文件,并在控制台打印news文件夹下所有.java文件的文件名。

任务20　输入输出流和文件的顺序访问

本章实验

Java使用I/O流将程序和一个"数据池"连接起来,从而实现应用程序对数据的读写需求。流的优点在于其定义的读写数据的方法无论什么数据源或目标都可以使用。本次任务将学习流的概念、字节流和字符流、流的操作流程、文件的顺序访问。

学习目标

(1) 理解流的概念;
(2) 理解流的分类,熟练掌握字节流和字符流的各种方法;
(3) 熟练掌握流的操作过程;
(4) 熟练掌握文件的顺序访问。

知识准备

20.1　流　的　概　念

流(Stream)是指计算机输入输出时产生的流动的数据序列,流序列中的数据可以是原始的二进制数据,也可以是通过编码处理后符合某种格式规定的特定数据。可以把流想象成连接房间和水池的水管,打开水龙头时可以将净水池中的水流入到房间里,同时产生的污水可以通过下水管流出到污水池中。计算机中的"数据池"可能是一个文件、一个网络套接字、键盘或者内存。针对不同类型的池构建不同的流,并基于这些流提供的各种标准方法实现池中数据的传输。

20.2 流 的 分 类

根据流相对于程序的方向,分为输入流和输出流两种类型。输入流将池中数据输入到程序当中,实现数据的读取;输出流把程序产生的内容写到一个池中,实现数据的写出,如图20.1所示。

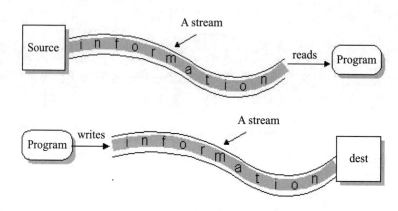

图20.1 输入输出流示意图

Java根据流中数据的类型分为二进制数据的字节流和可读取的字符流,并通过java.io包中的4个抽象类来表示。它们属于基本I/O流类,是其他I/O流类的父类。

InputStream:从池中按字节读取的流。

OutputStream:向池中按字节写入的流。

Reader:从池中按字符读取的流。

Writer:向池中按字符写入的流。

20.2.1 字节流

(1) InputStream 和 OutputStream。

InputStream类作为所有字节输入流的父类,具体的继承关系如图20.2所示。

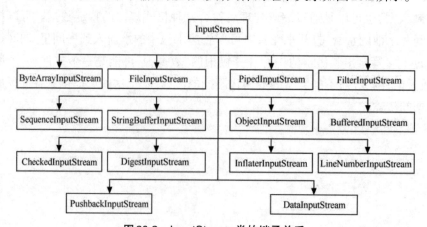

图20.2 InputStream 类的继承关系

该类定义了字节输入流常用的方法(表20.1),这些方法遇到错误时会引发IOException异常。

表20.1　InputStream类的常用方法

方法名	方法功能
read()	从输入数据流中读取下一个字节
skip(long n)	跳过数据流中的n个字节
available()	返回输入数据流中的可用字节数
mark(int readimit)	在流中标记一个位置
reset()	返回到流中的标记位置
markSupport()	返回一个boolean值,描述流是否支持标记和复位
close()	关闭输入数据流
read(byte[] b)	从输入数据流中读取字节并存入数组b中
read(byte[] b,int off,int len)	从输入数据流中读取len个字节并存入数组b中

OutputStream类作为所有字节输出流的父类,具体的继承关系如图20.3所示。

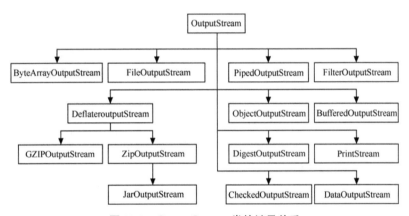

图20.3　OutputStream类的继承关系

该类定义了字节输出流常用的方法(表20.2),这些方法在遇到错误时也会引发IOException异常。

表20.2　OutputStream类的常用方法

方法名	方法功能
close()	从输入数据流中读取下一个字节
flush()	刷新此输出流并强制写出所有缓冲的输出字节
write(byte[] b)	返回输入数据流中的可用字节数
write(byte[] b,int off,int len)	将指定byte数组中从偏移量off开始的len个字节写入此输出流
write(int b)	将指定的字节写入此输出流

(2) FileInputStream和FileOutputStream。

FileInputStream从文件系统中的某个文件中获得输入字节,哪些文件可用取决于主机环境。文件输出流用于将数据写入File或FileDescriptor的输出流,文件是否可用或能否可以被创建取决于基础平台,特别是某些平台一次只允许一个FileOutputStream(或其他文件写入对象)打开文件进行写入。在这种情况下,如果所涉及的文件已经打开,则此类中的构造方法将失败。文件输入输出流一般用于读写诸如图像数据之类的原始字节流。文件输入输出流的常用方法如表20.3所示。

表20.3 文件输入输出流的常用方法

方法名	方法功能
FileInputStream(File file)	通过打开一个到实际文件的连接来创建一个 FileInputStream,该文件通过文件系统中的 File 对象 file 指定
FileInputStream(FileDescriptor fdObj)	通过使用文件描述符 fdObj 创建一个 FileInputStream,该文件描述符表示到文件系统中某个实际文件的现有连接
FileInputStream(String name)	通过打开一个到实际文件的连接来创建一个 FileInputStream,该文件通过文件系统中的路径名 name 指定
FileOutputStream(File file)	创建一个向指定 File 对象表示的文件中写入数据的文件输出流
FileOutputStream(FileDescriptor fdObj)	创建一个向指定文件描述符处写入数据的输出文件流,该文件描述符表示一个到文件系统中的某个实际文件的现有连接
FileOutputStream(String name)	创建一个向具有指定名称的文件中写入数据的输出文件流
finalize()	清理文件的连接,并确保在不再引用此文件输入输出流时调用此流的 close 方法
getChannel()	返回与此文件输入输出流有关的唯一 FileChannel 对象
getFD()	返回与此流有关的文件描述符

（3）DataInputStream 和 DataOutputStream。

数据输入流允许应用程序以与机器无关的方式从底层输入流中读取基本Java数据类型。数据输出流允许应用程序以适当方式将基本Java数据类型写入输出流中。也就是说,当我们需要一个数值时,可以直接按照类型进行读写,不必再关心这个数值应当是多少个字节。数据输入输出流的常用方法如表20.4所示。

表20.5 数据输入输出的常用方法

方法名	方法功能
readBoolean()	从文件中读取一个布尔值,0代表false;其他值代表true
readByte()	从文件中读取一个字节
readChar()	从文件中读取一个字符(2个字节)
readDouble()	从文件中读取一个双精度浮点值(8个字节)
readFloat()	从文件中读取一个单精度浮点值(4个字节)
readInt()	从文件中读取一个int值(4个字节)
readLong()	从文件中读取一个长型值(8个字节)
readShort()	从文件中读取一个短型值(2个字节)
readUnsignedByte()	从文件中读取一个无符号字节(1个字节)
readUnsignedShort()	从文件中读取一个无符号短型值(2个字节)

方法名	方法功能
readUTF()	从文件中读取一个UTF字符串
skipBytes(int n)	在文件中跳过给定数量的字节
writeBoolean(Boolean v)	把一个布尔值作为单字节值写入文件
writeBytes(String s)	向文件写入一个字符串
writeChars(String s)	向文件写入一个作为字符数据的字符串
writeDouble(double v)	向文件写入一个双精度浮点值
writeFloat(float v)	向文件写入一个单精度浮点值
writeInt(int v)	向文件写入一个int值
writeLong(long v)	向文件写入一个长型int值
writeShort(int v)	向文件写入一个短型int值
WriteUTF(String s)	写入一个UTF字符串

（4）BufferedInputStream 和 BufferedOutputStream。

用普通流读写较大文件时,会频繁地读写磁盘产生大量的I/O,导致数据读写效率较低。带缓冲的输入输出流会创建一个内部缓冲区数组,将数据先读写到内存中,然后从内存中读写数据,速度得到很大的提升。带缓冲的输入输出流的常用方法如表20.5所示。

表20.5　带缓冲的输入输出流的常用方法

方法名	方法功能
BufferedInputStream(InputStream in)	创建一个 BufferedInputStream 并保存其参数,即输入流 in,以便将来使用
BufferedInputStream(InputStream in, int size)	创建具有指定缓冲区大小的 BufferedInputStream 并保存其参数,即输入流 in,以便将来使用
BufferedOutputStream(OutputStream out)	创建一个新的缓冲输出流,以将数据写入指定的底层输出流
BufferedOutputStream(OutputStream out, int size)	创建一个新的缓冲输出流,以将具有指定缓冲区大小的数据写入指定的底层输出流
markSupported()	测试此输入流是否支持mark和reset方法,BufferedInputStream 的 markSupported 方法返回 true
flush()	刷新此缓冲的输出流

知识拓展

flush()用于在缓冲区即使没满的情况下也将缓冲区中的数据强制写入到目标设备。该方法只对使用缓冲区的 OutputStream 类的子类起作用。当调用close()关闭流之前也会将缓冲区中的数据刷新到目标中。

【例程1】　创建文件字节流打开指定的文件,往该文件中写入数据后,再读取出来并在控制台打印输出。

```
public class ByteAccess {
    public File file = new File("C:\\", "Byte.txt");
    public byte bytes[] = new byte[512];
```

```java
public static void main(String args[]) {
    ByteAccess test = new ByteAccess();
    test.writemethod();
    test.readmethod();
}
public void writemethod() {
    int b;
    System.out.println("请输入存入文本的内容:");
    try {
        if (!file.exists()) // 判断文件是否存在
            file.createNewFile();
        // 把从键盘输入的字符存入bytes里
        b = System.in.read(bytes);
        // 创建文件输出流
        FileOutputStream fos = new FileOutputStream(file, true);
        fos.write(bytes, 0, b); // 把bytes写入到指定文件中
        fos.close(); // 关闭输出流
    } catch (IOException e) {
        e.printStackTrace();
    }
}
public void readmethod() {
    try {
        FileInputStream fis = new FileInputStream(file); // 创建文件字节输入流
        int rs = 0;
        System.out.println("开始读取文件内容:");
        while ((rs = fis.read(bytes, 0, 512)) > 0) {
            // 在循环中读取输入流的数据
            String s = new String(bytes, 0, rs);
            System.out.println(s);
        }
        fis.close(); // 关闭输入流
    } catch (IOException e) {
        e.printStackTrace();
    }
}
}
```

程序运行结果如图20.4所示。

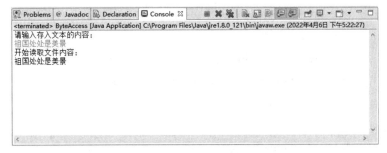

图20.4　例程1运行结果

【**例程2**】　在控制台输入一个文件的路径,读取该文件的内容,并在相同路径下创建一个文件,文件名为该文件名后加上"-副本"字样,实现文件的复制功能。

```java
public class FileAccess {
    public static String read(String path) {
        File file = new File(path);
        int rs = 0;
        byte bytes[] = new byte[2048];
        String str = null;
        try {
            FileInputStream fis = new FileInputStream(file);
            while ((rs = fis.read(bytes)) > 0) {
                str = new String(bytes);
            }
            fis.close();
        } catch (FileNotFoundException e) {
            // TODO Auto-generated catch block
            e.printStackTrace();
        } catch (IOException e) {
            // TODO Auto-generated catch block
            e.printStackTrace();
        }
        return str;
    }
    public static void write(String path,String content){
        try {
            //获取源文件名
            String s=new File(path).getName();
            //除去原文件的扩展名并在后面追加"-副本"字样
            File file=new File(new File(path).getParent(),s.substring(0, s.indexOf("."))+"-
副本 .txt");
```

```
                byte bytes[] = content.getBytes();
                if(!file.exists())
                    file.createNewFile();
                FileOutputStream fos=new FileOutputStream(file);
                fos.write(bytes,0,bytes.length);
                fos.close();
            } catch (FileNotFoundException e) {
                // TODO Auto-generated catch block
                e.printStackTrace();
            } catch (IOException e) {
                // TODO Auto-generated catch block
                e.printStackTrace();
            }
        }
    }
    public class FileTest {
        public static void main(String[] args) {
            Scanner in = new Scanner(System.in);
            String path = in.nextLine();
            String contentString = FileAccess.read(path);
            FileAccess.write(path, contentString);
        }
    }
```

程序运行结果如图20.5所示。

图20.5 例程2运行结果

20.2.2 字符流

（1）Reader 和 Writer。

Reader 用来接收字符数据，和 InputStream 的差别在于 InputStream 中以 byte 为单位输入，而 Reader 以 char 为单位。其继承关系如图 20.6 所示，常用方法如表 20.6 所示。

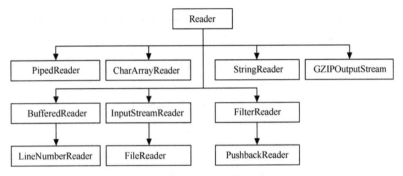

图 20.6 Reader 类的继承关系

表 20.6 Reader 类的常用方法

方　法	说　明
read()	读取单一字符
skip(long n)	跳过 n 个字符
mark()	在流中标记一个位置
reset()	返回到流中标记的位置
ready()	测试流是否可读取
markSupport()	返回一个 boolean 值，描述流是否支持标记和复位
close()	关闭流
read(char[] ch)	将字符读入数组
read(char[] ch,int offset,int length)	将字符读入数组的某一部分

Writer 用来输出字符数据，和 OutputStream 的差别在于 OutputStream 中以 byte 为单位输出，而 Reader 以 char 为单位输出。其继承关系如图 20.7 所示，常用方法如表 20.7 所示。

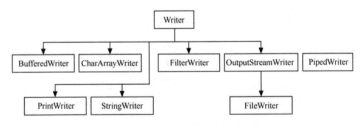

图 20.7 Writer 类的继承关系

表 20.7 Writer 类的常用方法

方　法	说　明
close()	关闭流
flush()	将缓冲区的数据输出到流
write(char[] ch)	将一个字符数组输出到流

续表

方　法	说　明
write(char[] c,int off,int len)	将一个数组内从 offset 起的 len 长的字符串输出到流
write(int b)	将一个字符输出到流
write(String s)	将一个字符串输出到流
write(String s,int off,int len)	将一个字符串内从 offset 起的 len 长的字符串输出到流
close()	关闭流

（2）InputStreamReader 和 OutputStreamWriter。

InputStreamReader 和 OutputStreamWriter 是 Java 提供的转换流，是字节流通向字符流的桥梁，它们使用指定的字符集读取字节并将其解码为字符。它们使用的字符集可以显式给定，或者可以接受平台默认的字符集。每次调用 InputStreamReader 中的 read() 方法可以从底层输入流读取一个或多个字节。要启用从字节到字符的有效转换，可以提前从底层流读取更多的字节，使其超过满足当前读取操作所需的字节。

每次调用 write() 方法都会在给定字符（或字符集）上调用编码转换器。在写入底层输出流之前，得到的这些字节将在缓冲区中累积。可以指定此缓冲区的大小，不过默认的缓冲区对多数用途来说已足够大。这里要注意的是，Java 只提供了将字节流转换成字符流的转换流，没有提供将字符流转换成字节流的转换流。InputStreamReader 和 OutputStreamWriter 类的常用方法如表 20.8 所示。

表 20.8　InputStreamReader 和 OutputStreamWriter 类的常用方法

方　法	说　明
getEncoding()	返回此流使用的字符编码的名称
read()	读取单个字符
read(char[] cbuf,int offset,int length)	将字符读入数组中的某一部分
ready()	告知是否准备读取此流
close()	关闭该流
flush()	刷新该流的缓冲
write(String str,int off,int len)	写入字符串的某一部分
write(char[] cbuf,int off,int len)	写入字符数组的某一部分
write(int c)	写入单个字符

（3）FileReader 和 FileWriter。

FileReader 和 FileWriter 与 FileInputStream 和 FileOutputStream 等价，它们继承自 Reader 和 Writer。FileInputStream 和 FileOutputStream 使用字节读写文件，字节流不能直接操作 Unicode 字符，所以 Java 提供了字符流。由于汉字在文件中占用 2 个字节，如果使用字节流，读取不当可能会出现乱码，采用字符流可以避免这种情况，因为在 Unicode 字符集中一个汉字被看作一个字符。

FileReader 类继承自类 java.io.InputStreamReader、java.io.Reader。常用的方法有 close、getEncoding、read、ready、mark、markSupported、reset、skip 等。

FileWriter 继承自类 java.io.OutputStreamReader、java.io.Writer。常用的方法有 close、flush、getEncoding、write、append 等。

（4）BufferedReader 和 BufferedWriter。

BufferedReader 类从字符输入流中读取文本，缓冲各个字符，从而实现字符、数组和行的高效读取。它可以指定缓冲区的大小，或者可使用默认的大小。大多数情况下，默认值就足够大了。

BufferedWriter 类将文本写入字符输出流，缓冲各个字符，从而提供单个字符、数组和字符串的高效写入。该类提供了 newLine() 方法，它使用平台自己的行分隔符概念，此概念由系统属性 line.separator 定义。并非所有平台都使用新行符('\n')来终止各行。因此调用此方法来终止每个输出行要优于直接写入新行符。

BufferedReader 类常用的方法中，read 用于读取单个字符，readLine 用于读取一个行文本并将其返回为自付出。BufferedWriter 类常用方法中，write 用于写入字符串的某一部分，flush 用于刷新该流的缓冲区，newLine 用于写入一个行分隔符。

【例程3】 使用字符流读取指定文件中的内容并在控制台打印输出，同时将读取的数据保存在生成的另一个文件当中。

```java
public class CharAccess {
    File filein = new File("C:\\char.txt");
    File fileout = new File("C:\\char-1.txt");
    public char chars[] = new char[512];
    public static void main(String args[]) {
        CharAccess test = new CharAccess();
        test.readmethod();
        test.writermethod();
    }
    public void writermethod() {
        try {
            // 创建新文件
            if (!fileout.exists()) // 如果文件不存在
                fileout.createNewFile();
            FileReader fin = new FileReader(filein);
            FileWriter fos = new FileWriter(fileout);
            int is;
            while ((is = fin.read()) != -1) {
                fos.write(is);
            }
            fin.close();
            fos.close();
        } catch (IOException e) {
            e.printStackTrace();
        }
    }
```

```
        }
        public void readmethod() {
            try {
                if (!filein.exists()) // 如果文件不存在
                    filein.createNewFile(); // 创建新文件
                FileReader fin = new FileReader(filein);
                int is;
                while ((is = fin.read(chars)) != −1) {
                    String str = new String(chars, 0, is);
                    System.out.println("char文件的内容为：" + str);
                }
                fin.close();
            } catch (IOException e) {
                e.printStackTrace();
            }
        }
    }
```

运行结果如图20.8所示。

图20.8　例程3运行结果

 任务实施

任务情境

使用Swing组件设计GUI实现文件内容查看器的功能。

（1）创建如图20.9所示的界面，North位置添加一个组合框用于显示所有盘符，Center位置添加拆分窗格（JSplitPane）将该位置拆分成左右两个区域，South位置添加带有标签的面板。

（2）点击下拉列表框选中一个盘符，在拆分窗格左侧文本域中显示该盘符下所有的文件和文件夹。

（3）在左侧文本域中选择要打开的文件，在右侧文本域中显示选中文件的内容。

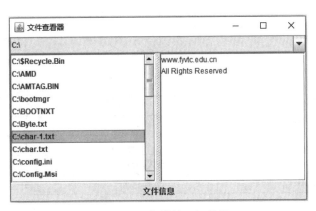

图20.9　任务情境运行效果

引导问题1　创建组合框JComboBox用于选择所有盘符，所有创建JList用于保存盘符下的文件，创建JTextArea用于显示选中文件的内容，创建两个滚动面板JScrollPane容纳JList和JTextArea，使用File file = new File("我的电脑")创建带名字的文件对象，然后使用file.listRoots()获取"我的电脑"下的所有根目录（盘符），查看API思考拆分窗格JSplitPane的用法。

_____

_____

引导问题2　思考应该为JComboBox和JList选择哪种类型的响应事件，并能正确实现事件处理方法。

_____

_____

引导问题3　使用哪种类型的流来读取选中文件的内容？为了使数据的读取更加高效，如何将创建的流包装成缓冲流？

_____

_____

任务情境调试记录可以记录在表20.9中。

表20.9　任务情境调试记录

序号	错误或异常描述	解决方案	备注
1			
2			

续表

序号	错误或异常描述	解决方案	备注
3			
4			
5			

评价与考核

课程名称:Java程序设计		授课地点:		
任务20:输入输出流和文件的顺序访问		授课教师:		授课时数:
课程性质:理实一体		综合评分:		

知识掌握情况得分(35分)

序号	知识点	教师评价	分值	得分
1	流的概念、分类		5	
2	字节流和字符流的各种方法		5	
3	流的操作过程		10	
4	文件的顺序访问		15	

工作任务完成情况得分(65分)

序号	能力操作考核点	教师评价	分值	得分
1	界面布局合理,设计美观,事件响应准确		10	
2	下拉列表能够正常显示所有盘符		15	
3	拆分窗格左侧区域能够正常显示选中盘符下的所有文件和文件夹		20	
4	拆分窗格右侧区域能够正常显示选中文件的内容		20	

违纪扣分(20分)

序号	违纪描述	教师评价	分值	扣分
1	迟到、早退		3	
2	旷课		5	
3	课上吃东西		3	
4	课上睡觉		3	
5	课上玩手机		3	
6	其他违纪行为		3	

 任务小结

输入输出是计算机程序最常执行的操作之一,通过Java的IO处理技术可以将数据保存

到二进制文件或文本文件中以达到数据持久化的要求。流是一种抽象概念,它代表了数据的无结构化传递。按照流的方式进行输入输出,数据被当成无结构的字节或字符序列,从而将数据池中的数据"化整为零",输出时再"聚零为整"。

一切伟大成就都是接续奋斗的结果,一切伟大事业都需要在继往开来中推进。成功正是一个化整为零、循序渐进,最后实现聚零为整的过程。不要畏惧过于遥远的目标,运用化整为零的方法,致力于一个又一个眼前可以企及的小目标就是追求理想的第一步。

任务测试

选择题

1. InputStream 类的方法中,long skip(long n)方法是指(　　)。

　　A. 从输入数据流中读取下一个字节

　　B. 跳过数据流中的n个字节

　　C. 在流中标记一个位置

　　D. 刷新数据流

2. 在使用 OutputStream 类中的 write(int b)方法时可能会出现以下哪种类型的异常?(　　)

　　A. IOException　　　　　　　　　　B. ArrayIndexOutOfBoundsException

　　C. FileNotFoundException　　　　　D. SQLException

3. 当需要把一个文件的内容按行读入字符串对象中,应该选择(　　)。

　　A. FileInputStream fis=new FileInputStream("fyvtc.txt");

　　B. DataInputStream dis=new DataInputStream(new FileInputStream("fyvtc.txt"));

　　C. DataInputStream dis=new DataInputStream(new FileInputStream("fyvtc.txt","r"));

　　D. BufferedReader br=new BufferedReader(new InputStreamReader(new FileInput-
　　　　Stream("fyvtc.txt")))

4. BufferedReader 类的方法中,void mark(int readAheadLimit)方法是指(　　)。

　　A. 从输入数据流中读取下一个字节

　　B. 在流中标记一个位置

　　C. 跳过数据流中的n个字节

　　D. 关闭数据输入流

5. 以下哪个选项可以实现字符流向字节流的转换?(　　)

　　A. InputStreamReader

　　B. OutputStreamWriter

　　C. 无

　　D. ReaderInputStream

简答题

1. 简述流的概念和分类。

_____

_____

_____

2. 简述缓冲流的作用及flush的用法。

_____

_____

_____

_____

程序设计题

1. 创建一个以自己名字命名的文本文件,编写程序向该文件中写入自己的相关信息,格式为:姓名:XXX 学号:XXX 性别:X 年龄:XX 专业:XXX 班级:XXX。在控制台打印输出文件中的内容。

2. 用缓冲字节流实现文件复制的功能。首先判断e盘下是否存在yf.txt文件,若不存在则创建yf.txt文件,然后把a.txt文件复制成yf-copy.txt。

3. 编写程序在控制台输出本题的源代码。

任务21 文件的随机访问

本章实验

从输入流读取内容意味着要读取一个单位的数据必须先读取前面的内容,如果要随机地访问文件中的任意一个部分,RandomAccessFile是更好的选择,通过该类可以实现对文件的非顺序性访问。本次任务将会介绍RandomAccessFile类的详细用法。

学习目标

(1)熟练掌握RandomAccessFile类的常用方法;

(2)熟练掌握RandomAccessFile类随机访问文件的方式;

（3）能够熟练地对文件进行各种类型的随机访问；

（4）能够熟练解决随机文件访问时出现乱码的问题。

 知识准备

21.1 RandomAccessFile类简介

顺序流对于大多数文件的访问是非常方便的，但这只限于顺序访问的场景下。当我们需要随机访问一个文件时，顺序流的方式就很慢了，比如修改一个文件中的第1000个字节需要先从第1个字节逐个访问到999个字节。

RandomAccessFile类支持对随机访问文件的读取和写入。随机访问文件的行为类似于存储在文件系统中的一个大型 byte 数组，存在一个指向该隐含数组的光标或索引，称为文件指针。输入操作从文件指针指向的位置开始读取字节，并随着对字节的读取而前移此文件指针。如果随机访问文件以读取/写入模式创建，则输出操作也可用。输出操作从文件指针指向位置开始写入字节，并随着对字节的写入而前移此文件指针。文件指针可以通过get-FilePointer方法读取，并通过seek方法设置其位置。

如果程序在读取到所需数量的字节之前已到达文件末尾，会抛出 EOFException。如果由于某些原因无法读取任何字节，而不是在读取所需数量的字节之前已到达文件末尾，则抛出 IOException。

21.2 RandomAccessFile类的构造方法

打开随机存取文件的构造方法有两种，如表21.1所示。

表21.1 RandomAccessFile类的构造方法

方法名	方法功能
RandomAccessFile(File file, String mode)	根据传入的 File 对象打开随机存取文件
RandomAccessFile(String name, String mode)	根据传入的字符串文件名打开随机存取文件

RandomAccessFile类的构造方法中，mode参数指定用以打开文件的访问模式，允许的值及其含义如表21.2所示。

表21.2 mode参数的含义

值	含　义
"r"	以只读方式打开，调用结果对象的任何write方法都将导致抛出 IOException

续表

值	含　义
"rw"	以读写方式打开,如果该文件尚不存在,则尝试创建该文件
"rws"	以读写方式打开,同时要求对文件的内容或元数据的每个更新都同步写入到底层存储设备
"rwd"	以读写方式打开,同时要求对文件内容的每个更新都同步写入到底层存储设备

知识拓展:"rw"模式下,数据不会立即写到存储设备中。而"rwd"模式下数据会被立即写入存储设备。如果写数据过程发生异常,"rwd"模式中已被 write 的数据被保存到存储设备,而"rw"则全部丢失。

21.3　RandomAccessFile类的常用方法

RandomAccessFile类的常用方法如表21.3所示。

表21.3　File类的常用方法

方法名	方法功能
close()	关闭此随机访问文件流并释放与该流关联的所有系统资源
getFilePointer()	返回文件指针的当前位置
length()	返回文件的长度
read()	从文件中读取一个字节的数据
readBoolean()	从文件中读取一个布尔值,0表示false,非0值表示true
readByte()	从文件中读取一个字节
readChar()	从文件中读取一个字符
readDouble()	从文件中读取一个双精度浮点值
readFloat()	从文件中读取一个单精度浮点值
readFully(byte b[])	将 b.length 个字节从此文件读入 byte 数组,并从当前文件指针开始
readInt()	从文件中读取一个整形值
readLine()	从文件中读取一个文本行
readLong()	从文件中读取一个长整型值
readShort()	从文件中读取一个短整型值
readUnsignedByte()	从文件中读取一个无符号字节
readUnsignedShort()	从文件中读取一个无符号短整型值
readUTF()	从文件中读取一个UTF字符串
seek()	定位文件指针在文件中的位置
setLength()	设置文件的长度
skipBytes(int n)	在文件中跳过给定数量的字节
write(byte b[])	写 b.length 个字节到文件

方法名	方法功能
writeBoolean(Boolean v)	把一个布尔值作为单字节值写入文件
writeByte(int v)	按单字节值将 byte 写入该文件
writeBytes(String s)	按字节序列将该字符串写入该文件
writeChar(char c)	按双字节值将 char 写入该文件,先写高字节
writeChars(String s)	按字符序列将一个字符串写入该文件
writeDouble(double v)	向文件写入一个双精度浮点值
writeFloat(float v)	向文件写入一个单精度浮点值
writeInt(int v)	向文件写入一个整型值
writeLong(long v)	向文件写入一个长整型值
writeShort(int v)	向文件写入一个短整型值
WriteUTF(String s)	写入一个 UTF 字符串

【例程1】　编写程序使用RandomAccessFile类创建随机文件"weekday.txt",在该文件中写入7个英文的星期缩写,每个缩写包含3个英文字符,分别是"Mon""Tue""Wed""Thu""Fri""Sat""Sun"。将文件指针移动到"Thu"处将其修改为"THU",并在每3个字符后添加一个制表符写入到文件中,同时在控制台打印输出。

```java
public class RandomAccessFileDemo {
    public static void main(String[] args) {
        RandomAccessFile raf = null;
        String filename = "e:\\java2022\\week.txt";
        String[] weekday = { "Mon", "Tue", "Wed", "Thu", "Fri", "Sat", "Sun" };
        try {
            raf = new RandomAccessFile(filename, "rw");
        } catch (FileNotFoundException e) {
            // TODO Auto-generated catch block
            e.printStackTrace();
        }
        try {
            for (int i = 0; i < 7; i++)
                raf.writeChars(weekday[i]);
            raf.seek(18);    //文件指针定位至第18个字节处
            raf.writeChars("THU");    //修改此处的内容
            raf.seek(0);     //文件指针重新定位至文件开头处

            for(int i=0;i<21;i++){
                System.out.print(raf.readChar());
                if((i+1)%3==0)
                    System.out.print("\t"); //每3个字符后添加一个制表符
```

```
        }
        raf.close();
    } catch (IOException e) {
        // TODO Auto-generated catch block
        e.printStackTrace();
    }
    }
}
```

程序运行结果如图21.1所示。

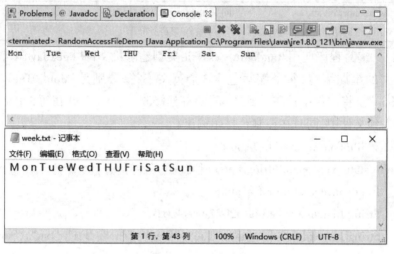

图21.1 例程1运行结果

21.4 RandomAccessFile读写乱码的问题

很多时候在使用RandomAccessFile类读写文件时,由于文件字符集编码不同,可能会遇到乱码的问题,如图21.2所示。要解决这个问题,需要搞清楚读取文件的字符集是什么类型,如GBK或UTF8,然后在读取时加上字符集参数,输出时也是一样。常用的字符编码如下:

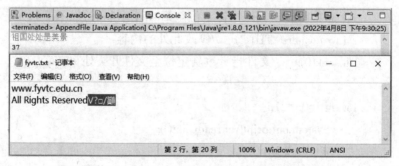

图21.2 RandomAccessFile读写中文出现乱码情况

（1）ISO-8859-1。属于单字节编码，最多能表示的字符范围是0～255，主要用于英文字符的编码。比如，字母a的编码为0x61=97。ISO-8859-1编码表示的字符范围很窄，无法表示中文字符。若要显示中文，必须和其他能显示中文的编码配合，如"GBK""UTF-8"等。

（2）GB2312/GBK。汉字的国标码，采用双字节非定长编码，专门用来表示汉字。其中GBK编码能够同时用来表示繁体字和简体字，而GB2312只能表示简体字，GBK是兼容GB2312编码的。

（3）Unicode。统一字符编码，采用定长双字节编码，可以用来表示所有语言的字符。相对于ISO-8859-1编码，Uniocode编码只是在前面增加了一个0字节，比如字母a为"00 61"。需要说明的是，定长编码便于计算机进行处理，在很多软件内部采用Unicode字符集。

（4）UTF。考虑到Unicode编码不兼容ISO-8859-1编码，而且容易占用更多的空间且不便于传输和存储，因此产生了UTF编码。UTF编码兼容ISO-8859-1是不定长编码，每一个字符的长度为1～6个字节不等。表示英文字母时使用一个字节，表示汉字时使用三个字节。

【例程2】　使用RandomAccessFile类创建一个随机文件，在文件末尾追加一段中文，使用合适的字符集避免出现乱码的情况。

```java
public class AppendFile {
    public static void main(String[] args) {
        Scanner in = new Scanner(System.in);
        String toAppend = in.nextLine();
        try {
            int i = 0;
            String record = new String();
            String toCn = null;
            // 加上字符集解决中文乱码
            toCn = new String(toAppend.getBytes("GBK"), "ISO-8859-1");
            RandomAccessFile raf = new RandomAccessFile("e:\\java2022\\fyvtc. txt",
"rw");
            // length()方法获取字符长度,包括每一行中的回车符,回车符为一个字节
            raf.seek(raf.length());
            // 此处为了显示一下读取到的文件的长度,用字节来表示,一个汉字为两
个字节
            System.out.println(raf.length());
            raf.writeBytes(toCn + "\n");
            raf.close();
        } catch (Exception e) {
            e.printStackTrace();
        }
    }
```

}

程序运行结果如图21.3所示。

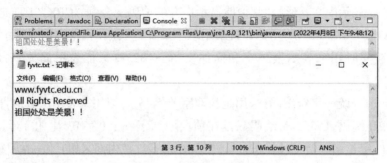

图21.3　例程2运行结果

任务情境

定义一个实体类Student,包含姓名name、年龄age两个属性。使用RandomAccess-File创建一个随机文件student.txt,如图21.4所示。实例化3个Student的对象依次写入随机文件中。接下来完成以下操作:

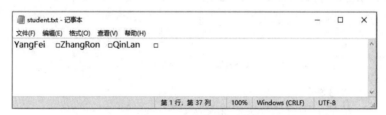

图21.4　随机文件写入后的内容

(1)跳过第一位学生的信息,读取第二位学生的信息并在控制台按照指定格式打印输出。

(2)返回到随机文件开头读取第一位学生的信息并在控制台按照指定格式打印输出。

(3)读取第三位同学的信息并在控制台按照指定格式打印输出。

任务情境运行效果如图21.5所示。

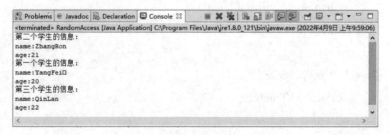

图21.5　任务情境运行效果

引导问题1 由于每位Student就是一条记录,要保证其长度相同。age属性的类型为int,长度为4个字节。但name属性为String类型,长度不确定。考虑如何在实体类Student的构造方法中对name属性的长度进行限制,当其长度超过8个字符时截断为8个字符,不足8位时补"\u0000"。

_____

_____

引导问题2 在随机文件中每条记录长度固定的情况下应该越过多少个字节开始访问第二位同学的信息?如何将指定长度的name属性值读取并打印出来?如何读取并打印age属性的值?

_____

_____

引导问题3 在访问完第二位同学的信息之后如何移动文件指针到第一位同学的信息处?

_____

_____

引导问题4 在访问完第一位同学的信息后需要越过多少字节至第三位同学的信息处?

_____

_____

任务情境调试记录可以记录在表21.4中。

表21.4 任务情境调试记录

序号	错误或异常描述	解决方案	备注
1			
2			
3			
4			
5			

评价与考核

课程名称:Java程序设计	授课地点:	
任务21:文件的随机访问	授课教师:	授课时数:
课程性质:理实一体	综合评分:	
知识掌握情况得分(35分)		

序号	知识点	教师评价	分值	得分
1	RandomAccessFile类的常用方法		15	
2	四种随机访问文件的方式及其区别		10	
3	文件的字符集		10	
工作任务完成情况得分(65分)				
序号	能力操作考核点	教师评价	分值	得分
1	能够正确设计实体类,实现对name属性的长度限制		5	
2	能够正确选择合适的方法实现第二位学生记录的读取和打印		20	
3	能够正确选择合适的方法实现第一位学生记录的读取和打印		20	
4	能够正确选择合适的方法实现第三位学生记录的读取和打印		20	
违纪扣分(20分)				
序号	违纪描述	教师评价	分值	扣分
1	迟到、早退		3	
2	旷课		5	
3	课上吃东西		3	
4	课上睡觉		3	
5	课上玩手机		3	
6	其他违纪行为		3	

 任务小结

　　文件的内容就是一串长长的编码,当我们读取的时候计算机会对内容进行识别和转换。比如看电影时,从头看到尾相当于顺序读取,文件指针从开始处移动,指到哪个位置,该位置上的数据被读取出来。当我们只想看电影中的某个片段时,需要快进或者直接跳到某个时间点,文件指针直接定位到指定位置,这就是随机读取的好处。

　　近几年技术更新迭代的步伐越来越快,如何把握技术发展的趋势和速度,有必要区别不同的情况。因为技术问题可以很纯粹,只追求速度更快、效率更高、规模更大。但具体到现实生活,某方面的进步会带来直接的好处,若换个角度理解,又未尝不是新的负担。针对新技术的学习,不能按部就班地"顺序访问",要有去伪存真的眼光,加入一些"随机访问",择其精华而汲之践之,以更客观理性的态度引导技术应用、创造美好生活。

任务测试

选择题

1. 关于 RandomAccessFile 的描述,(　　　)是错误的。

　　A. 只读模式创建的随机文件,当文件不存在时会产生 IOException

　　B. 使用读写模式创建随机文件,若指定文件不存在,则会创建一个

　　C. 可以和 DataOutputStream 类进行连接

　　D. 可以实现文件的随机访问

2. RandomAccessFile 的(　　　)方法可用来获取文件的长度。

　　A. length()　　　　　　　　　　　B. close()

　　C. flush()　　　　　　　　　　　　D. seek(long n)

3. 当需要移动随机文件的内部指针时需要使用以下哪个方法?(　　　　)

　　A. skipBytes(int n)　　　　　　　B. seek()

　　C. move()　　　　　　　　　　　　D. setPosition()

4. 下列关于字符编码的描述,正确的是(　　　　)。

　　A. ISO-8859-1 可以直接表示中文

　　B. UTF 字符采用 16 位编码

　　C. Unicode 字符采用 16 位编码

　　D. GB2312 可以表示简体汉字和繁体汉字

5. RandomAccessFile 类的(　　　)方法可用于从指定流上读取字符串。

　　A. readLine()　　　　　　　　　　B. readChar()

　　C. nextLine()　　　　　　　　　　D. readUTF()

二、简答题

1. RandomAccessFile 的文件打开模式有哪几种? 它们有哪些区别?

_____

_____

_____

2. 常见的字符集有哪些? 它们各自的特点是什么?

_____

_____

_____

_____

程序设计题

1. 使用 RandomAccessFile 类创建一个随机文件,写入 6 个长度为 6 个字符的字符串,然后将该文件内容倒置读出。

2. 使用 RandomAccessFile 类创建两个文本类随机文件 text1.txt 和 text2.txt,先向两个文件中分别写入一些内容,然后读取 text2.txt 的内容将其追加至 text1.txt 文件的尾部。

项目 7　多线程技术

本项目主要介绍Java中创建线程的方法、线程的生命周期、线程的状态与调度、线程的同步等内容。

◇ 任务22　创建线程

◇ 任务23　线程的状态与调度

◇ 任务24　线程的同步

任务22　创建线程

本章实验

现实生活中存在很多同时去做多件事情的场景。计算机中也有很多这样的例子，比如我们可以使用计算机一边编辑文档一边听音乐。Java支持多线程技术，允许在程序中运行多个线程，每个线程负责一个功能，多个线程同时执行，大大提高了程序的效率。本次任务介绍线程的相关知识。

学习目标

（1）理解线程的概念；
（2）掌握线程与进程、并发与并行的区别；
（3）熟练掌握创建线程的两种方法。

知识准备

22.1　线程的概念

线程是操作系统调度的最小单位。在一个进程中，可以有多个线程执行代码。线程有时候也称为"轻量级进程"或者叫作一个"执行环境"。

每个Java应用程序都至少有一个线程，该线程用来执行Java程序。当调用main方法的时候，就创建了一个main线程，也就是主线程。例如，只有单个线程执行的时候，当一个较大的文件写入硬盘时，应用程序似乎没有响应了，使用鼠标光标无法移动，并且也无法单击按钮。这时可以通过让一个线程专门用于保存文件，而另一个线程赋值接收用户输入，这样应用程序可以获得更高的响应性。但是这里要注意，线程需要耗费资源，因此，如非必要的话，不要创建多个线程。此外，跟踪多个线程也是一项复杂的编程任务。线程示意图如图22.1所示。

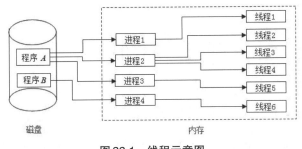

图 22.1　线程示意图

22.2　进程与线程、并发与并行的区别

22.2.1　进程与线程

进程是系统资源分配的独立单位,而线程是可调度运行的独立单位,一个进程可以拥有多个线程,线程是进程并行完成的多个任务。单线程的程序好比一个人只用一只手工作,而多线程的程序就好比一个人两只手同时工作。

22.2.2　并发与并行

并发和并行的区别可以看作一个处理器同时处理多个任务和多个处理器或多核处理器同时处理多个不同的任务。并发是逻辑上的同时发生,而并行是物理上的同时发生。

一个处理器同一时间只能被一个任务占用,也就是说并发其实是分时的,只不过这个时间间隔很短,我们感觉不出来罢了,所以它是逻辑上的同时。并发示意图如图 22.2 所示。

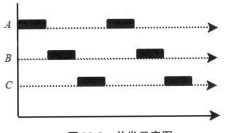

图 22.2　并发示意图

并行时,由于存在多个处理器,或一个处理器里有多个内核,同一时间一个任务分别占用一个处理器或内核,这才是物理上真正的同时。并行示意图如图 22.2 所示。

图 22.3　并行示意图

22.3　线程的创建

22.3.1　继承Thread类创建线程

一个Thread类的对象就代表一个线程,可以通过继承Thread类的方式创建线程。定义一个类去继承Thread类,然后覆盖该类的run()方法来实现。这是因为Java线程执行时的代码被封装在Thread类或其子类的成员run()方法中了。最后创建Thread子类对象并调用start()方法启动线程。

【例程1】　通过继承Thread类的方式创建一个线程,每隔1000毫秒打印一个1-10间的奇数。

```java
public class ThreadDemo extends Thread {

    public static void main(String[] args) {
        // TODO Auto-generated method stub
        new ThreadDemo().start();  //启动线程
    }
    @Override
    public void run() {  //实现run方法
        // TODO Auto-generated method stub
        for (int i = 1; i < 10; i += 2) {
            System.out.println(i);
            try {
                sleep(1000);   //线程休眠1000毫秒
            } catch (InterruptedException e) {
                // TODO Auto-generated catch block
                e.printStackTrace();
            }
        }
    }
}
```

这里要注意的是,线程的启动并不是调用run()方法,而是调用start()方法达到间接调用run()方法的目的,线程的运行实际上就是执行线程的成员run()方法。程序运行结果如图22.4所示。

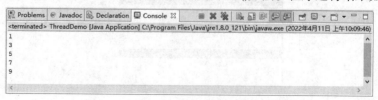

图22.4　例程1运行结果

22.3.2 实现 Runnable 接口创建线程

由于Java中的类只支持单继承,在某个类已经完成继承的情况下需要创建一个线程,这时可以通过实现Runnable接口的方式来完成创建。该接口中定义了一个run()方法用于完成线程的功能。

【例程2】 通过实现Runnable接口的方式创建一个线程,每隔1000毫秒打印一个1~10之间的偶数。

```java
public class RunnableDemo implements Runnable {
    public static void main(String[] args) {
        // TODO Auto-generated method stub
        RunnableDemo rd = new RunnableDemo();
        Thread thread = new Thread(rd); //将实现了 Runnable 接口的对象包装成 Thread对象
        thread.start();    //启动线程
    }
    @Override
    public void run() {  //实现run方法
        // TODO Auto-generated method stub
        for (int i = 2; i <= 10;  i += 2) {
            System.out.println(i);
            try {
                Thread.sleep(1000);    //线程休眠1000毫秒
            } catch (InterruptedException e) {
                e.printStackTrace();
            }
        }
    }
}
```

查看API中Thread类的定义会发现该类实现了Runnable接口,其run()方法正是重写自Runnable接口中的run()方法。程序运行结果如图22.5所示。

图22.5 例程2运行结果

【例程3】 假设某银行营业厅有4个窗口可以办理业务,每个窗口办理业务默认用时不同,当前已有15个人取号,需要在营业厅大屏实时显示每个窗口的业务办理情况,使用线程模拟这一过程。

```java
public class Bank {
    static Integer t = 1;
    public static void main(String[] args) {
        // TODO Auto-generated method stub
        BankWindow bw1 = new BankWindow("1号窗口", 1000);
        BankWindow bw2 = new BankWindow("2号窗口", 600);
        BankWindow bw3 = new BankWindow("3号窗口", 1100);
        BankWindow bw4 = new BankWindow("4号窗口", 800);
        //创建并启动4个线程模拟4个窗口
        Thread t1 = new Thread(bw1);
        Thread t2 = new Thread(bw2);
        Thread t3 = new Thread(bw3);
        Thread t4 = new Thread(bw4);
        t1.start();
        t2.start();
        t3.start();
        t4.start();
        System.out.println("开始办理业务 ...");
    }
    static class BankWindow implements Runnable {
        String name;    //窗口名称
        Integer s;      //办理业务用时
        public BankWindow(String name, Integer s) {
            this.name = name;
            this.s = s;
        }
        @Override
        public void run() {
            // TODO Auto-generated method stub
            while (true) {
                try {
                    if (t + 1 < 14) {
                        Thread.sleep((int) (Math.random() * this.s) + 500);  //随机产
生每个窗口的业务办理用时
                        System.out.println("客户" + t + "在" + this.name);
                        t++;
```

```
                } else {
                    System.out.println(this.name + "业务办理完毕");
                    break;
                }
            } catch (InterruptedException e) {
                e.printStackTrace();
            }
        }
    }
}
```

程序运行结果如图22.6所示。

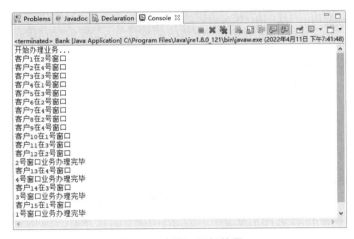

图22.6　例程3运行结果

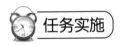任务实施

任务情境

使用GUI技术及实现Runnable接口创建线程模拟程序安装进度。要求如下：

（1）单击窗体上的"开始安装"按钮的同时使该按钮失去焦点变为不可用，如图22.7所示。

图22.7　初始状态

（2）进度条滚动显示当前的安装进度，从0开始到100结束，每次安装进度为5，如图22.8所示。

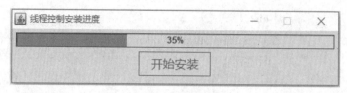

图22.8　安装状态

（3）安装完成后按钮显示"安装完成"，单击按钮关闭当前窗体，如图22.9所示。

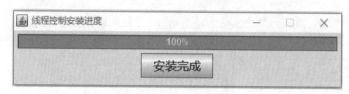

图22.9　安装完成状态

引导问题1　如何设计该界面的布局？应该使用哪些Swing组件？

_____

_____

引导问题2　查看API中JProgressBar类的setStringPainted()、setIndeterminate()等方法的用法。

_____

_____

引导问题3　定义一个内部类实现Runnable接口创建线程，考虑如何在内部类中控制进度条的滚动和按钮状态的变化。

_____

_____

引导问题4　如何设置进度条的数值变化以5为单位，从0开始到100结束？

_____

_____

任务情境调试记录可以记录在表22.1中。

表22.1　任务情境调试记录

序号	错误或异常描述	解决方案	备注
1			
2			
3			
4			
5			

评价与考核

课程名称:Java程序设计		授课地点:		
任务22:创建线程		授课教师:		授课时数:
课程性质:理实一体		综合评分:		
知识掌握情况得分(35分)				
序号	知识点	教师评价	分值	得分
1	线程的概念		5	
2	线程与进程、并发与并行的区别		10	
3	继承Thread类创建线程		10	
4	实现Runnable接口创建线程		10	
工作任务完成情况得分(65分)				
序号	能力操作考核点	教师评价	分值	得分
1	能够正确设计界面及布局,组件选择准确		10	
2	能够正确熟练地使用JProgressBar类的相关方法		10	
3	能够正确定义内部类实现Runnable接口创建线程,并在run()方法中实现线程的功能要求		20	
4	按钮功能实现正确,进度条正常滚动		25	
违纪扣分(20分)				
序号	违纪描述	教师评价	分值	扣分
1	迟到、早退		3	
2	旷课		5	
3	课上吃东西		3	
4	课上睡觉		3	
5	课上玩手机		3	
6	其他违纪行为		3	

任务小结

Java中多线程存在的目的并不是提高程序执行的速度,而是更好地利用系统资源。程序的执行需要获取CPU的占用权,因此多个程序的进程需要争抢宝贵的CPU资源,而那些开辟了较多线程的进程抢到CPU占用权的概率更高。但是不能保证哪个线程会在哪个时间获得CPU的占用权,这个过程是由操作系统决定的,有很大的随机性。

多线程编程是一个复杂的技术领域,微观上涉及原子性、可见性、有序性等问题,宏观则表现为安全性、活跃性以及性能问题。这本是关于计算机运行的方式的讨论,现在也延伸到了工作和生活的各个领域。关于职场中并发的情况,即一个人可以处理相同工作周期的多个事情的能力。这时需要先给自己手头的多个工作排列优先级顺序,根据优先级的情况,合理安排自己的工作时间。而职场中并行的情况就是两项工作的紧迫情况不相上下,也没有优先级之分,管理者可以合理调配人员,兵分两路,分配两组人员同时进行处理,一组一项工作,很快所有工作就能全部得到解决,这就是所谓的并行能力。

 任务测试

选择题

1. 线程的启动使用( )方法。

    A. open()　　　　　　　　　B. start()

    C. go()　　　　　　　　　　D. do()

2. 线程要实现的功能应该放入( )方法中。

    A. do()　　　　　　　　　　B. work()

    C. run()　　　　　　　　　　D. start()

3. 线程休眠500毫秒,以下( )选项是正确的。

    A. stop(500)　　　　　　　　B. pause(500)

    C. sleep(500)　　　　　　　　D. end(500)

4. 假设r为实现了Runnable接口的实现类的对象,使用该对象启动线程,正确的是( )。

    A. r.start()　　　　　　　　　B. new Thread(r).start()

    C. r.run()　　　　　　　　　　D. r.sleep()

简答题

1. 简述进程与线程的区别及联系。

_____

_____

_____

2. 简述并发与并行的区别。

_____

_____

_____

_____

程序设计题

1. 创建两个线程对两个变量i、j初值都为10,分别执行以下操作:

（1）其中1个线程每次对变量i执行加1的操作;

（2）另外1个线程每次对变量j执行减1的操作,两个线程各运行20次,每次休眠500毫秒,在控制台打印输出线程执行情况。

2. 足球比赛开赛前双方11名队员需要从共同的球员通道入场,考虑到疫情防控的要求,每次球员通道只允许一名运动员通过(每隔1秒通过1个),继承Thread类或实现Runnable接口模拟球员入场的过程,格式为:"红队队员1入场""蓝队队员1入场""红队队员2入场""蓝队队员2入场"……。

任务23　线程的状态与调度

本章实验

线程从创建到消亡需要经历5种状态。线程的状态描绘了线程的整个生命周期,用这些状态作为线程生命周期不同阶段划分的依据。在调度有限的资源时按照不同状态的线程进行分组,只关心那些处于运行状态的线程,从而实现资源的优化分配。本次任务将介绍线程的不同状态以及调度的方法。

学习目标

（1）理解线程生命周期的不同状态;

（2）掌握线程不同状态间的切换;

（3）熟练掌握线程调度的各种方法。

知识准备

23.1　线程生命周期的状态

线程从创建、运行到结束总是处于下面五种状态之一:新建状态、就绪状态、运行状态、阻塞状态及死亡状态(图23.1)。

(1) 新建状态(New)。

用new操作符创建一个线程时,例如new Thread(r),线程还没有开始运行,此时线程处在新建状态。当一个线程处于新建状态时,程序还没有开始运行线程中的代码。

(2) 就绪状态(Runnable)。

是指一个新创建的线程并不自动开始运行,要执行线程,必须调用线程的start()方法。当线程对象调用start()方法即启动了线程,start()方法创建线程运行的系统资源,并调度线程运行run()方法。当start()方法返回后,线程就处于就绪状态。

处于就绪状态的线程并不一定立即运行run()方法,线程还必须同其他线程竞争CPU时间,只有获得CPU时间才可以运行线程。因为在单CPU的计算机系统中,不可能同时运行多个线程,一个时刻仅有一个线程处于运行状态。因此此时可能有多个线程处于就绪状态。多个处于就绪状态的线程是由Java运行时系统的线程调度程序(thread scheduler)来调度的。

(3) 运行状态(Running)。

当线程获得CPU时间后,才能进入运行状态,真正开始执行run()方法。

(4) 阻塞状态(Blocked)。

是指线程在运行状态中由于某种原因,退出运行状态,让出CPU的占用,这时其他处于就绪状态的线程就可以获得CPU时间,进入运行状态。

(5) 死亡状态(Dead)。

在线程的run()方法正常退出而自然死亡或者一个未捕获的异常终止了run()方法而使线程猝死,那么线程进入死亡状态。

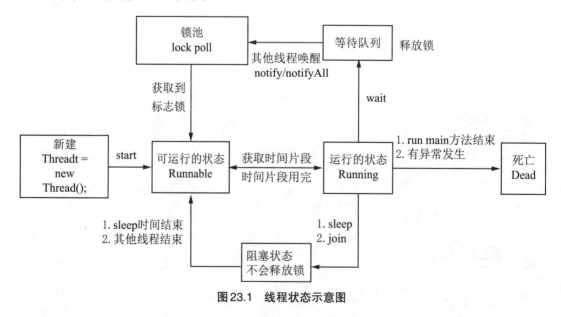

图23.1 线程状态示意图

23.2 线程的调度

很多计算机都是单CPU的,所以一个时刻只能有一个线程运行,多个线程的同时运行只是幻觉。在单CPU机器上多个线程是按照某种顺序执行的,这称为线程的调度(scheduling)。通常线程调度可以采用两种策略:一种是时间片轮转调度,另一种是抢占式调度。

23.2.1 线程调度的策略

(1) 时间片轮转调度。

该策略从所有处于就绪状态的线程中选择优先级最高的线程分配一定的CPU时间运行。该时间过后再选择其他线程运行。只有当线程运行结束、放弃(yield)CPU或由于某种原因进入阻塞状态,低优先级的线程才有机会执行。如果有两个优先级相同的线程都在等待CPU,则调度程序以轮转的方式选择运行的线程。

(2) 抢占式调度。

Java虚拟机采用抢占式调度策略。它是指如果一个优先级比其他任何处于可运行状态的线程都高的线程进入就绪状态,那么运行时系统就会选择该线程运行。新的优先级较高的线程抢占(preempt)了其他线程。

23.2.2 线程的优先级

在操作系统中,线程可以按照重要或紧急的程度划分优先级。优先级越高,获得 CPU时间片的概率就越大,但线程优先级的高低与线程的执行顺序并没有必然联系,优先级低的线程也有可能比优先级高的线程先执行。

Java线程共定义了10个优先级,从低到高分别用整数1～10表示。同时 Thread 类还定义了几个常量来表示不同的优先级,如 Thread.MIN_PRIORITY 表示优先级为1,Thread.NORM_PRIORITY 表示优先级为5,Thread.MAX_PRIORITY 代表最高优先级10。通过调用 getPriority()方法获取线程的优先级,setPriority()方法来改变线程的优先级。

23.3 操作线程的方法

Thread类提供了很多操作线程的方法,通过这些方法可使线程进行不同状态的切换。

23.3.1 sleep()方法

sleep()方法用于控制线程使其进入休眠状态,并可以为其设置一个休眠的时间,到时间后恢复运行。该方法的格式如下:

Thread.sleep(long millis)

参数millis表示休眠的时间,单位为毫秒。注意当一个线程休眠结束后并不是立即进入Running状态,而是先进入Runnable状态。

【例程1】 创建一个线程控制在界面中每隔500毫秒绘制一条不同颜色的直线。

```java
public class TestSleep extends JFrame {
    private static Color[] colors = { Color.LIGHT_GRAY, Color.BLACK, Color.BLUE,
Color.CYAN, Color.GREEN, Color.YELLOW,Color.ORANGE, Color.RED, Color.PINK }; // 定义
颜色数组包含9种画笔颜色
    private static final Random rand = new Random(); // 创建随机对象
    private static Color getColor() { // 从颜色数组中获取一个随机颜色
        return colors[rand.nextInt(colors.length)];
    }
    public TestSleep() {
        Thread t = new Thread(new Runnable() {
            int x = 50;
            int y = 70;
            public void run() {
                while (true) {
                    try {
                        Thread.sleep(500); // 休眠500毫秒
                    } catch (InterruptedException e) {
                        e.printStackTrace();
                    }
                    Graphics g = getGraphics(); // 获取画笔
                    g.setColor(getColor()); // 设置画笔颜色
                    g.drawLine(x, y, 250, y++); // 画线
                    if (y >= 80) {
                        y = 50;
                    }
                }
            }
        });
        t.start(); // 启动线程
        this.setTitle("间隔500毫秒画线");
        this.setSize(300, 200);
        this.setDefaultCloseOperation(JFrame.EXIT_ON_CLOSE);
        this.setVisible(true);
```

```
    }
    public static void main(String[] args) {
        new TestSleep();
    }
}
```

程序运行结果如图23.2所示。

图23.2 例程1运行结果

23.3.2 join()方法

在多线程的应用程序中,如果线程A需要等线程B执行完才能继续执行下去,这时需要用到join()方法。该方法的格式如下:

Thread.join();

该方法还可以传入一个long类型的参数millis,表示等待该线程终止的时间最长为millis毫秒。

【例程2】 创建两个线程A和B用于控制两个进度条的滚动,进度条A必须等待进度条B进度完成后才能继续滚动。

```
public class TestJoin extends JFrame {
    private Thread A;
    private Thread B;
    private JProgressBar pb1;
    private JProgressBar pb2;
    private Container p;
    public static void main(String[] args) {
        new TestJoin();
    }
    public TestJoin() {
        pb1 = new JProgressBar();
        pb2 = new JProgressBar();
        p = this.getContentPane();
        p.add(pb1, BorderLayout.NORTH);
```

```
p.add(pb2, BorderLayout.SOUTH);
pb1.setStringPainted(true);
pb2.setStringPainted(true);
A = new Thread(new Runnable() {
    int count = 5;   //滚动条 A 的初始值
    public void run() {
        while (true) {
            pb1.setValue(++count); // 进度条 A 的当前值
            try {
                Thread.sleep(500);
                B.join(); // 线程 B 加入
            } catch (InterruptedException e) {
                e.printStackTrace();
            }
        }
    }
});
A.start();
B = new Thread(new Runnable() {
    int count = 0;
    public void run() {
        while (true) {
            pb2.setValue(++count);
            try {
                Thread.sleep(500);
            } catch (InterruptedException e) {
                e.printStackTrace();
            }
            if (count == 100)
                break;
        }
    }
});
B.start();
this.setTitle("双线程控制进度条");
this.setSize(280, 100);
this.setDefaultCloseOperation(JFrame.EXIT_ON_CLOSE);
```

```
        this.setVisible(true);
    }
}
```

程序运行结果如图23.3所示。

图23.3 例程2运行结果

23.3.3 yield()方法

如果一个处于运行状态的线程想暂停当前正在执行的线程对象,并执行其他线程,可以使用yield()方法。该方法用于提醒当前线程可以将资源"礼让"给其他线程,但不是必须让出。具体使用格式如下:

Thread.yield();

在执行某项复杂的任务时,如果担心占用资源过多,可以在完成某个重要的工作后使用yield()方法让出当前CPU的调度权,等下次获取到再继续执行,这样不但能完成自己的重要工作,也能给其他线程一些运行的机会,避免一个线程长时间占有CPU资源。

【例程3】 假设有4位客户在银行营业厅办理业务,该营业厅只开放了1个窗口。客户A和B持有金卡,客户C持银卡,客户D持钻石卡。钻石卡等级最高,因此客户D可以优先办理业务。客户D想把办理业务的机会礼让给其他客户,但银行不同意,因为这违反了窗口只按优先级高低办理业务的规定。金卡客户A和B在办理业务过程中互相礼让,银卡客户C只能等所有客户办理完业务后才能开始办理。创建4个线程,使用yield()方法模拟上述过程。

```java
public class TestYield extends Thread{
    public static void main(String[] args) {
        // TODO Auto-generated method stub
        //定义四个银行客户
        Thread a = new Thread(new Customer(), "金卡客户A");
        Thread b = new Thread(new Customer(), "金卡客户B");
        Thread c = new Thread(new Customer(), "银卡客户C");
        Thread d = new Thread(new Customer(), "钻石卡客户D");
        //设置优先级,客户A、B默认优先级为Thread.NORM_PRIORITY
        c.setPriority(Thread.MIN_PRIORITY);
        d.setPriority(Thread.MAX_PRIORITY);
        a.start();
        b.start();
        c.start();
        d.start();
```

```
        }

    static class Customer implements Runnable {
        @Override
        public void run() {
            for (int i = 0; i < 5; i++) {
                //当该客户办了2次业务后,尝试把机会让给同级其他客户
                if (i == 2) {
System.out.println(Thread.currentThread().getName() + " 尝试让其他客户办
理业务…");
                    Thread.currentThread().yield();
                }
System.out.println(Thread.currentThread().getName() + " 正在办理业务…");
            }
        }
    }
}
```

程序运行结果如图23.4所示。

图23.4　例程3运行结果

 任务实施

任务情境

　　妈妈下班回家开始做饭,做着做着发现没有酱油了。于是妈妈喊小明去打酱油。小明打酱油需要5分钟,这5分钟里妈妈需要一直等待。小明打完酱油回来后,妈妈继

续做饭,直到把饭做好。要求如下:

(1) 定义"小明"类 Xiaoming 实现 Runnable 接口,在 run() 方法中模拟打酱油的过程;

(2) 定义"妈妈"类 Mother 实现 Runnable 接口,在 run() 方法中模拟做饭的过程;

(3) 定义"做饭"类,测试妈妈和小明相互配合的做饭场景。

引导问题1　"小明"线程如何模拟5分钟的打酱油过程?

_____

_____

引导问题2　"妈妈"线程需要"小明"线程执行完才能继续执行,如何在"妈妈"线程中加入"小明"线程?

_____

_____

程序运行结果如图23.5所示。

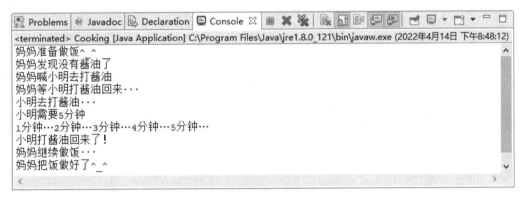

图23.5　任务情境运行结果

任务情境调试记录可以记录在表23.1中。

表23.1　任务情境调试记录

序号	错误或异常描述	解决方案	备注
1			
2			
3			
4			
5			

评价与考核

课程名称:Java程序设计	授课地点:	
任务23:线程的状态与调度	授课教师:	授课时数:
课程性质:理实一体	综合评分:	

续表

	知识掌握情况得分(35分)			
序号	知识点	教师评价	分值	得分
1	线程生命周期的状态		10	
2	线程调度的方式		10	
3	操作线程的常用方法		15	
	工作任务完成情况得分(65分)			
序号	能力操作考核点	教师评价	分值	得分
1	能够正确定义"小明"线程,正确模拟5分钟的间隔		25	
2	能够正确定义"妈妈"线程,正确合并两个线程		25	
3	测试类能够启动"妈妈"线程,按照功能描述输出无误		15	
	违纪扣分(20分)			
序号	违纪描述	教师评价	分值	扣分
1	迟到、早退		3	
2	旷课		5	
3	课上吃东西		3	
4	课上睡觉		3	
5	课上玩手机		3	
6	其他违纪行为		3	

 任务小结

生命周期的存在使得新事物可以挑战旧事物。这里的新事物并不是指时间上的新,而是从本质上来看更加的先进。哲学上称之为"用发展的眼光看问题"。发展是新事物取代旧事物的过程,而新事物指的是符合客观规律、具有强大生命力和广阔发展前景的事物。

线程的生命周期决定了其在不同的状态下可以做不同的事情,就像人的一生和相爱的人一起经历相见、相识、相知、相爱、结婚、白头到老的过程。线程处于生命周期的不同阶段必然与操作系统发生不同的互动关系,为了避免一直占用宝贵的系统资源,最终都会走向消亡。

 任务测试

选择题

1. 当对线程调用 sleep()方法后,该线程进入(　　　)状态。

   A. Running   B. Runnable

   C. Walking   D. Dead

2. 以下（　　）方法可使线程进入死亡状态。

    A. kill()   B. join()

    C. stop()   D. sleep()

3. Java提供的能够回收动态分配的内存的线程为（　　）。

    A. 垃圾收集线程   B. main 线程

    C. 守护线程   D. UI线程

4. 使得线程放弃CPU占用，但不使线程阻塞，即线程仍处于可执行状态，随时可能再次分得CPU占用的方法是（　　）。

    A. time()   B. yield()

    C. stop()   D. join()

5. 以下哪些是有关线程状态转换的正确描述？（　　）

    A. 调用sleep()方法使线程进入就绪状态

    B. 调用sleep()方法使线程进入等待状态

    C. 调用start()方式使线程立即获得执行

    D. 调用wait()方法使线程进入就绪状态

简答题

1. 简述线程的5种状态及各状态间的转换关系。

2. 简述线程调度的两种方法及其区别。

程序设计题

1. 假设一位学生为了迎接即将到来的考试，每天要刷100道题，每200毫秒刷一题。当刷到第50题时感觉饿了，需要每秒吃1个馒头，吃完3个后接着刷题。请用线程的相关操作方法模拟这一过程。

2. 乌龟和兔子决定进行100米赛跑，乌龟的速度为每米1000毫秒，兔子的速度为每米100毫秒，每跑完10米打印一次结果"XX已经跑了XX米"。创建线程模拟这一过程。

任务24　线程的同步

本章实验

　　在现实的应用场景下多个线程需要访问相同的资源或数据时可能会出现资源抢占的问题。比如两个人同时去拦一辆出租车、两个人同时过独木桥等。如果不对线程进行同步的话会出现线程的干扰，从而导致线程的使用是不安全的。本次任务介绍线程的安全、线程的同步机制等内容。

学习目标

　　(1) 理解线程安全的含义；
　　(2) 熟练掌握两种线程同步的方法。

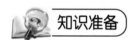

知识准备

24.1　线程安全

24.1.1　线程干扰

　　一个事件有两个非原子性的操作在不同的线程中进行，但是操作的却是相同的数据，这种交叉行为叫作线程的干扰。这意味着两个操作包含多个步骤，而且一系列步骤重复发生。线程的干扰导致了线程的使用是不安全的。下面这段程序很好地解释了线程干扰的概念。

```java
public class TestThreadInterference{
    int count=0;
    public int getCount(){
        return count;
    }
    public void increment(){
        count++;
    }
```

```
        public void decrement(){


                count--;

        }

}
```

假设有两个线程A和B。线程A调用increment()方法的同时,线程B调用decrement()方法,执行的流程可能是这样的:

（1）线程A获取到了变量count的值。

（2）线程B也有可能同时获取到了变量count的值。

（3）A、B线程获取到的userCount的初值都是0。

（4）线程A自增count的值,结果变为1。

（5）线程B自减count的值,结果变为-1。

（6）最后线程将结果保存在count中,现在count的值为1。由于A、B线程共用变量count,然后线程B也将结果保存到了count中,所以userCount最终的值为-1。

线程A的结果被线程B覆盖掉了。这种交错只是其中的一种可能性,在其他的情况下,可能会是线程B的结果丢失,也可能没有错误发生。正是因为结果的不可预测,线程干扰缺陷会很难被检测和修复。

24.1.2　原子操作

为什么上面的程序会出现那么多的不确定性呢? 这是因为在JVM里,递增递减虽然只是一条语句,但它们都不是原子操作,它们涉及读和写。count++表达式可以拆分成读取count当前的值、在获取的值上加1、保存自增后的count的值三个部分。同样count--表达式也可以拆分成三个部分。所以即便是这么简单的一个操作,多线程也有机可乘,产生了干扰。

所谓线程的原子操作是指在多线程环境中对同一个变量进行操作时,需要其他线程等待它完成之后才能开始执行,这种操作称为原子操作。原子操作不会引起线程干扰,保证多线程在访问同一资源时的同步和不可打断。

24.2　线程的同步

为了保持多线程环境下对共享资源访问的同步和原子性,Java提供了两种方式来解决这个问题:同步块和同步方法。

24.2.1　同步块

块同步是通过锁定一个指定的对象,来对同步块中包含的代码进行同步。其语法格式如下:

```
synchronized(object){
        //具有原子性的代码块
    }
```

synchronized 后面圆括号中的对象作为一个监视器来监控程序运行期间共享资源的变化,将需要保证原子操作的代码放到大括号中。在内存中存储的任何类的对象都有一个标志位,取值为0或1,开始状态为1。当一个对象作为 synchronized(object)中的 object 对象时,一个线程执行该语句就会使 object 的标志位由1变成0,直到执行完整个同步块中的代码,才会使 object 的标志位重新变为1。

当一个线程在执行到 synchronized(object)时,首先会检查 object 对象标志位。如果为0,表示该同步块正被其他线程所执行,该线程就会被阻塞,一直到另外的线程执行完同步块,将 object 对象的标志位从0变为1为止。如果一个线程执行到 synchronized(object)时,object 对象标志位为1,线程就会将标志位变为0,以防止其他线程再进入有关的同步代码块中,就相当于是加了一把锁。

【例程1】 创建两个带有同步块的线程,分别控制1~10之间奇偶数的打印,避免出现线程干扰的现象。

```java
public class Print implements Runnable {
    int i = 1;  //两个线程共同访问的变量i
    String str = new String("");  //创建一个字符串对象作为同步块的监视器
    @Override
    public void run() {
        // TODO Auto-generated method stub
        synchronized (str) {  //创建同步块
            while (i <= 10) {
                if (i % 2 == 0) {
                    System.out.println("偶数线程打印:" + i);
                } else {
                    System.out.println("奇数线程打印:" + i);
                }
                i++;
                try {
                    Thread.sleep(500);
                } catch (InterruptedException e) {
                    e.printStackTrace();
                }
            }
        }
    }
```

```
    }
public class TestPrint {
    public static void main(String[] args) {
        // TODO Auto-generated method stub
        Print p=new Print();
        Thread t1=new Thread(p);
        Thread t2=new Thread(p);
        //启动两个线程
        t1.start();
        t2.start();
    }
}
```

程序运行结果如图24.1所示。

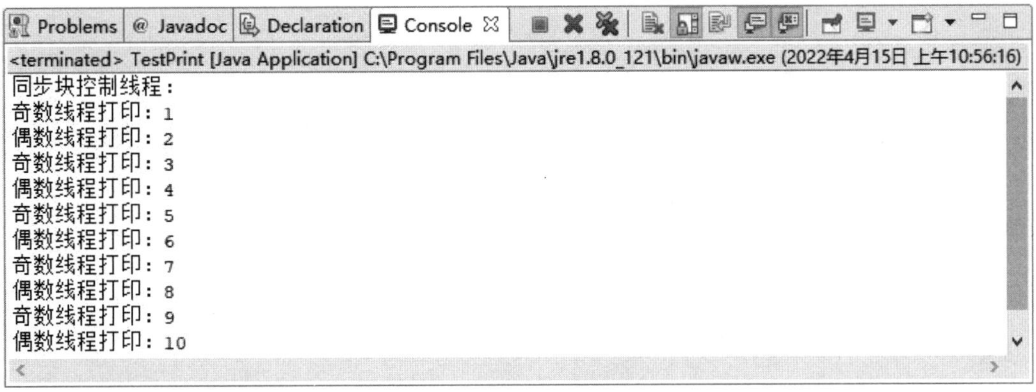

图24.1　例程1运行结果

24.2.2　同步方法

同步方法是对方法体里的代码进行同步,这种情况下锁定的对象就是同步方法所属类的对象,也就是this,其语法格式如下:

```
synchronized  void 方法名(){
        //方法体
}
```

如果同步的方法是静态的,当线程访问该方法时,它锁的并不是synchronized方法所在的对象,而是synchronized方法所在的类所对应的Class对象。Java中无论一个类有多少个对象,这些对象都会对应唯一一个Class对象。

【例程2】　创建两个带有同步方法的线程,分别控制1~10之间奇偶数的打印,避免出现线程干扰的现象。

```
public class Print implements Runnable {
    int i = 1; //两个线程共同访问的变量i
```

```
synchronized void printShu() {  //同步方法
    while (i <= 10) {
        if (i % 2 == 0) {
            System.out.println("偶数线程打印:" + i);
        } else {
            System.out.println("奇数线程打印:" + i);
        }
        i++;
        try {
            Thread.sleep(500);
        } catch (InterruptedException e) {
            e.printStackTrace();
        }
    }
}
@Override
public void run() {
    // TODO Auto-generated method stub
    printShu();
}
}
```

程序运行结果如图24.2所示。

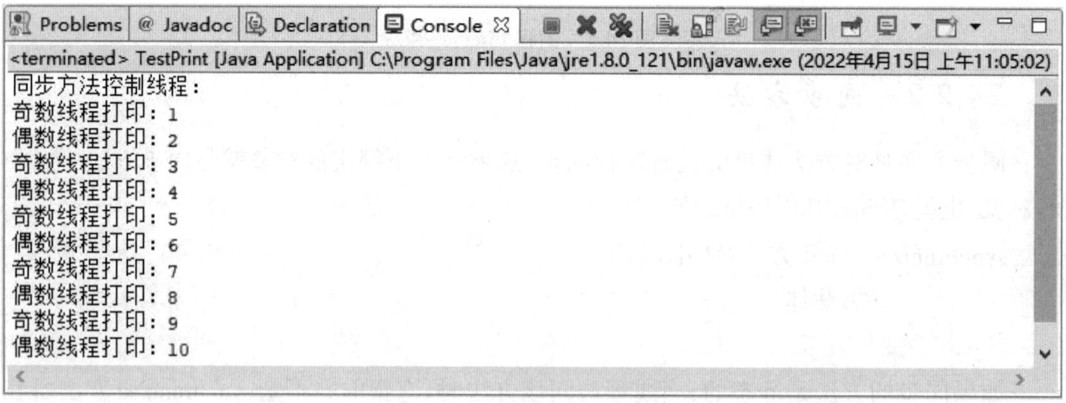

图24.2　例程2运行结果

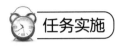 任务实施

任务情境

旅客来到火车站售票大厅买票,大厅里有4个售票窗口,每售出一张票需要5分钟。共有4张待售车票被每个售票窗口共享。通过线程同步实现线程的安全,避免出现票数为负及重复售票的情况。要求如下:

(1) 定义"火车票"类 Ticket 实现 Runnable 接口,在 run()方法中模拟售票的过程;

(2) 定义"火车站"类 RailwayStation 定义4个售票窗口进行售票。

引导问题1　定义 sellticket()方法,通过同步方法的方式保护4张待售票,如何实现该方法?

_____

_____

_____

引导问题2　如果通过同步块的方式保护4张待售票,应该对哪些语句块进行同步?

_____

_____

_____

程序运行结果如图24.3所示。

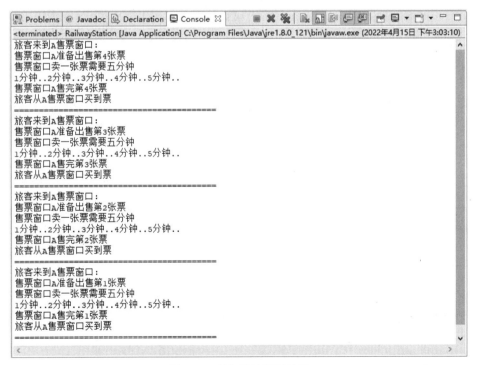

图24.3　任务情境运行结果

任务情境调试记录可以记录在表24.1中。

表24.1　任务情境调试记录

序号	错误或异常描述	解决方案	备注
1			
2			
3			
4			
5			

评价与考核

课程名称:Java程序设计	授课地点:	
任务24:线程的同步	授课教师:	授课时数:
课程性质:理实一体	综合评分:	

知识掌握情况得分(35分)				
序号	知识点	教师评价	分值	得分
1	线程干扰		8	
2	原子操作		7	
3	同步块和同步方法保障线程安全		20	

工作任务完成情况得分(65分)				
序号	能力操作考核点	教师评价	分值	得分
1	能够正确定义"火车票"类,正确模拟5分钟的间隔		20	
2	能够正确地使用同步块或同步方法的方式避免线程的干扰		30	
3	测试类能够启动售票线程,按照功能描述输出无误		15	

违纪扣分(20分)				
序号	违纪描述	教师评价	分值	扣分
1	迟到、早退		3	
2	旷课		5	
3	课上吃东西		3	
4	课上睡觉		3	
5	课上玩手机		3	
6	其他违纪行为		3	

 任务小结

　　共享是人类对理想社会的美好追求,是社会主义的真谛,也是中国特色社会主义的本质

要求。但是共享主体之间的行为要相互适应、避免相互掣肘,这称为协调。我国提出的五大发展理念中的协调发展不仅包括部分之间的静态协调,还包括部分与整体的协调整合,强调的是全局下和整体中多方面、各层次、全方位的动态平衡和结构优化,这也恰当地描述了线程和系统之间的关系。

应用程序通过开辟多个线程来提高共享资源的利用率,把那些耗时的操作在线程的控制下放到后台去处理。但是多线程的同步是以牺牲程序的性能为代价的,如果确定程序不存在线程安全的问题,就没有必要使用同步。

 任务测试

选择题

1. 多个线程之间相互合作共同完成一项任务,这种协同工作关系称为(　　)。

　　A. 异步　　　　　　　　　B. 同步

　　C. 互斥　　　　　　　　　D. 并发

2. 下面哪个选项能正确地描述线程同步的作用?(　　)

　　A. 锁定资源,使同一时刻只有一个线程去访问它,防止多个线程操作同一个资源引发错误

　　B. 使线程独占一个资源

　　C. 使多个线程共享一个资源

　　D. 提高线程执行的效率

3. 关于synchronized关键字的说法,错误的是(　　)。

　　A. 可以修饰类的属性

　　B. 可以修饰类的静态方法

　　C. 可以修饰一段代码块

　　D. 可以修饰类的普通方法

4. 下列哪些选项可以实现线程的同步?(　　)

　　A. synchronized修饰方法

　　B. 调用notify()方法

　　C. 调用wait()方法

　　D. synchronized修饰代码块

简答题

1. 简述线程原子操作的概念。

2. 简述线程同步的两种方法及其区别。

程序设计题

1. 假设有一家工厂,生产某产品的产量为10,但只有一个最大库存量为4的仓库,编写生产者消费者多线程程序,模拟边生产边销售的场景。

2. 有一个容量为100升的蓄水池,安装3个排水口A、B、C。其中排水口A的流量为1秒1升,B的流量为1秒2升,C的流量为1秒3升。创建3个线程模拟3个排水口同时排水的场景,并计算需要多长时间将水池中的水排完。

项目8 数据库编程

本项目主要介绍 Java 访问并操作数据库中的数据,包括使用 JDBC 技术连接并访问数据库,针对数据库增、删、改、查操作用到的类、接口和方法。

◇ 任务25 使用 JDBC 连接数据库

◇ 任务26 操作数据库中的数据

任务25 使用JDBC连接数据库

本章实验

　　程序的运行需要数据的支撑,程序产生的数据需要有效的存储。数据库是实现数据持久化的主要途径,目前各种类型的应用系统都离不开数据库的支持,因此针对数据库系统的应用开发是各种开发语言的核心技术。本次任务介绍基于JDBC技术实现Java应用程序和数据库的交互。

学习目标

　　(1) 理解JDBC的作用;
　　(2) 理解JDBC的工作原理;
　　(3) 了解JDBC的框架结构;
　　(4) 掌握JDBC框架中常用的类与接口;
　　(5) 熟练掌握使用JDBC连接数据库的流程。

知识准备

25.1 JDBC的作用

　　JDBC(Java Data Base Connectivity)是一种用于执行SQL语句的Java API,可以为多种类型关系数据库提供统一访问,由一组使用Java语言编写的类和接口组成。由于Java是面向对象的程序设计语言,关系数据库是使用SQL语言的存储结构,这是两种不同的技术体系。我们可以把JDBC看作连接Java应用程序和数据库的桥梁。通过这座桥梁,Java应用程序就可以直接从数据库中读取数据,同时还可以实现数据的存储。JDBC作用示意图如图25.1所示。

图25.1　JDBC作用示意图

25.2　JDBC的工作原理

25.2.1　JDBC技术概述

目前市场上主流的关系数据库有SQLServer、MySQL、Oracle等,不同厂商的数据库存在差异。Java为了屏蔽这些差异提供了一套访问数据库的标准接口,然后各个数据库厂商都要根据这个标准规范提供相应访问自己数据库产品的API,这个API被称为驱动(Driver)。所以,要想在程序中进行数据库的连接,需要借助于数据库厂商提供的JDBC驱动程序。这样一来,JDBC向各种关系数据库发送并执行SQL语句就变得很容易了,程序员使用时只需要调用接口,不需要关心数据库是如何操作的,连接、执行SQL语句等实际的功能都是底层数据库厂商的实现部分。JDBC原理示意图如图25.2所示。

图25.2　JDBC原理示意图

25.2.2　JDBC驱动程序的类型

JDBC驱动程序实现因Java运行的各种操作系统和硬件平台而异,基本上分为四种类型:

(1) JDBC-ODBC桥。

ODBC是微软推出的开源数据库连接,因为比JDBC出现得要早,所以绝大多数的数据库都可以通过ODBC来访问,当Sun公司推出JDBC的时候,为了支持更多的数据库,提供了JDBC-ODBC桥。这样我们就可以使用JDBC将调用传递给ODBC,然后ODBC再调用本地的数据库驱动代码。

但是通过JDBC-ODBC桥访问数据库需要经过多层调用,因此效率较低。不过在数据库没有提供JDBC驱动只提供ODBC驱动的情况下,也只能通过这种方式访问数据库。例如Java若要访问Microsoft Access数据库,只能通过这种方法访问。

(2) 部分本地API Java驱动程序。

大部分数据库厂商都提供与他们的数据库产品进行通信所需要的API,这些API往往用C语言或类似的语言编写,依赖具体的平台。Java程序可以通过这种类型的驱动程序,来调用本地数据库厂商提供的API与数据库通信。用这种方式访问数据库需要在客户机上安装本地JDBC驱动,以及特定数据库厂商的本地API。

(3) JDBC网络纯Java驱动程序。

这种方式需要在Java与数据库间架起一台专门用于数据库连接的服务器。Java应用程序将JDBC调用传递给中间服务器,中间服务器再通过驱动程序与数据库完成通信,从而完成请求。与前面两种不同的是,驱动程序不需要安装在客户端,而是安装在服务器端。

(4) 本地协议纯Java驱动。

Java应用程序通过纯Java驱动程序与支持JDBC的数据库直接通信。这种方式是效率最高的访问方式。访问不同厂商的数据库,需要不同的JDBC驱动程序。目前几个主要的数据库厂商Oracle、Microsoft、Sybase等都提供了对JDBC的支持。

25.3 JDBC的框架结构

25.3.1 JDBC API

JDBC API是提供给程序员调用的接口与类,集成在java.sql和javax.sql包中。提供了应用程序对JDBC的管理连接,对任何数据库的操作都可以用这组API来进行。

25.3.2 DriverManager

要把JDBC的SQL语句翻译成数据库端能够执行的命令,就要由特定数据库的JDBC驱动接口来实现了。JDBC驱动程序管理器可以确保使用正确的驱动程序来访问每个数据源。驱动程序管理器能够支持连接多个异构数据库的多个并发驱动程序。

25.3.3 JDBC 驱动

JDBC驱动是由不同的数据库厂商开发的编程接口,它的作用是把我们通过JDBC API发给数据库的SQL语句翻译成对应数据库的操作指令,也就是说,必须通过某数据库JDBC驱动的接口,Java的SQL语句才被执行。JDBC框架结构如图25.3所示。

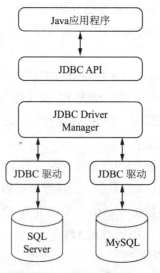

图25.3 JDBC框架结构

25.4　JDBC常用类与接口

JDBC提供了功能丰富的类与接口来实现数据库的连接、访问和处理。

25.4.1　DriverManager 类

该类用来管理数据库驱动、创建数据库与程序之间的连接。该类的常用方法如表25.1所示。

表25.1　DriverManager类的常用方法

方法名	方法功能
getConnection(String url, String user, String password)	按照指定的数据库 URL、用户名、密码获取数据库的连接
setLoginTimeout(int seconds)	设置驱动程序试图连接某一数据库时将等待的最长时间以秒为单位
println(String message)	将一条消息打印到当前JDBC日志流中

25.4.2　Connection 接口

由 DriverManager 创建，代表与指定数据库的连接，用来维持和数据库的数据通信，完成数据的传送任务。该接口的常用方法如表25.2所示。

表25.2　Connection接口的常用方法

方法名	方法功能
createStatement()	创建一个Statement对象来将SQL语句发送到数据库
prepareStatement(String sql)	创建一个PreparedStatement对象来将参数化的 SQL 语句发送到数据库
commit()	使所有上一次提交/回滚后进行的更改成为持久更改，并释放此Connection对象当前持有的所有数据库锁
rollback()	取消在当前事务中进行的所有更改，并释放此Connection对象当前持有的所有数据库锁
close()	立即释放此Connection对象的数据库和JDBC资源，而不是等待它们被自动释放

25.4.3　Statement 接口

该接口由 Connection 产生，用于向已经建立连接的数据库发送并执行SQL语句。该接口的常用方法如表25.3所示。

表25.3　Statement接口的常用方法

方法名	方法功能
execute(String sql)	执行给定的SQL语句,该语句可能返回多个结果
executeQuery(String sql)	执行给定的SQL语句,该语句返回单个ResultSet对象
executeUpdate(String sql)	执行给定SQL语句,该语句可能为INSERT、UPDATE或DELETE语句,或者不返回任何内容的SQL语句(如SQL DDL语句)
close()	立即释放此Statement对象的数据库和JDBC资源,而不是等待该对象自动关闭时发生此操作

25.4.4　PreparedStatement 接口

该接口是Statement接口的子接口,表示预编译的SQL语句对象。SQL语句被预编译并存储在PreparedStatement对象中,然后可以使用此对象多次高效地执行该语句。Prepared-Statement接口的常用方法如表25.4所示。

表25.4　PreparedStatement接口的常用方法

方法名	方法功能
setInt(int parameterIndex, int x)	设置指定位置参数为一个int类型的值
setFloat(int parameterIndex, float x)	设置指定位置参数为一个float类型的值
setLong(int parameterIndex, long x)	设置指定位置参数为一个long类型的值
setDouble(int parameterIndex, double x)	设置指定位置参数为一个double类型的值
setBoolean(int parameterIndex, boolean x)	设置指定位置参数为一个boolean类型的值
setString(int parameterIndex, String x)	设置指定位置参数为一个String类型的值
execute()	在此PreparedStatement对象中执行SQL语句,该语句可以是任何种类的SQL语句
executeQuery()	在此PreparedStatement对象中执行SQL查询,并返回该查询生成的ResultSet对象
executeUpdate()	在此PreparedStatement对象中执行SQL语句,该语句必须是一个SQL数据操作语言(Data Manipulation Language, DML)语句,比如INSERT、UPDATE或DELETE语句;或者是无返回内容的SQL语句,比如DDL语句
clearParameters()	清除当前参数值

25.4.5　ResultSet 接口

ResultSet接口相当于一个临时表,用于保存查询操作生产的返回结果集。ResultSet对象包含了一个内部指针,该指针默认指向结果集中的第一条记录之前。可以通过使用next()方法控制指针的移动,因为该方法在ResultSet对象没有下一行数据时返回false,因此可以在while循环中使用它来遍历结果集。

默认的ResultSet对象是不可更新的,仅有一个向前移动的指针。因此,只能遍历它一次,并且只能按从第一行到最后一行的顺序进行。可以生成可滚动或可更新的ResultSet对象。以下代码片段演示了如何生成可滚动且不受其他更新影响的可更新结果集。

Statement stmt = con.createStatement(ResultSet.TYPE_SCROLL_INSENSITIVE, ResultSet.CONCUR_UPDATABLE);

ResultSet rs = stmt.executeQuery("SELECT a, b FROM TABLE2");

该接口的常用字段及方法如表25.5所示。

表25.5　ResultSet接口的常用字段及方法

字段名/方法名	字段摘要/方法功能
CONCUR_READ_ONLY	该常量表示ResultSet对象不可更新
CONCUR_UPDATABLE	该常量表示ResultSet对象可更新
FETCH_FORWARD	该常量指示将按正向(即从第一个到最后一个)处理结果集中的行
FETCH_REVERSE	该常量指示将按逆向(即从最后一个到第一个)处理结果集中的行
TYPE_FORWARD_ONLY	该常量指示指针只能向前移动的ResultSet对象的类型
TYPE_SCROLL_INSENSITIVE	该常量指示可滚动但通常不受ResultSet底层数据更改影响的ResultSet对象的类型
TYPE_SCROLL_SENSITIVE	该常量指示可滚动并且通常受ResultSet底层数据更改影响的ResultSet对象的类型
absolute(int row)	将指针移动到此ResultSet对象的给定行编号
afterLast()	将指针移动到此ResultSet对象的末尾,正好位于最后一行之后
beforeFirst()	将指针移动到此ResultSet对象的开头,正好位于第一行之前
first()	将指针移动到此ResultSet对象的第一行
last()	将指针移动到此ResultSet对象的最后一行
next()	将指针从当前位置向前移一行
previous()	将指针移动到此ResultSet对象的上一行
relative(int rows)	按相对行数(或正或负)移动光标
getInt(String columnLabel)	以int的形式获取此ResultSet对象的当前行中指定列的值
getDouble(String columnLabel)	以double的形式获取此ResultSet对象的当前行中指定列的值
getString(int columnIndex)	以String的形式获取此ResultSet对象的当前行中指定列的值
updateInt(String columnLabel, int x)	用int值更新指定列
updateDouble(int columnIndex, double x)	用double值更新指定列
updateString(int columnIndex, String x)	用String值更新指定列
insertRow()	将插入行的内容插入到此ResultSet对象和数据库中
updateRow()	用此ResultSet对象的当前行的新内容更新底层数据库
deleteRow()	从此ResultSet对象和底层数据库中删除当前行
close()	立即释放此ResultSet对象的数据库和JDBC资源,而不是等待该对象自动关闭时发生此操作

25.5 JDBC程序模板

使用JDBC技术连接并访问数据库主要分为以下步骤:加载JDBC驱动、与数据库建立连接、执行SQL语句、处理返回结果、释放资源。

```
try{
//1.加载 JDBC 驱动
Class.forName("JDBC驱动程序类");
}
……
try{
//2.与数据库建立连接
Connection con = DriverManager.getConnection(URL,数据库用户名,密码);
Statement stmt = con.createStatement();
//3.执行SQL语句,得到返回结果
ResultSet rs = stmt.executeQuery("SELECT a,b FROM Table1");
//4.处理返回结果
while(rs.next()){
    int x = rs.getINT("a");
    String s = rs.getString("b");
}
//5.释放资源
rs.close();
stmt.close();
con.close();
}
```

【例程】 连接测试安装在本机的MySQL8.0数据库。

```
public class DBConDemo {
    public static void main(String[] args) {
        // TODO Auto-generated method stub
        // 定义驱动程序字符串
        String driverStr = "com.mysql.cj.jdbc.Driver";
        // 定义数据库的URL
        String DBUrl = "jdbc: mysql://127.0.0.1: 3306/testDb? characterEncoding=utf-8&serverTimezone=UTC&useSSL=false";
        // 创建数据库的用户名
```

```
        String userName = "root"; // 用户名
        // 创建数据库的密码
        String userPass = "123456"; // 密码
        // 创建一个连接对象
        Connection con = null;
        try {
            con = DriverManager.getConnection(DBUrl, userName, userPass);
        } catch (SQLException e) {
            // TODO Auto-generated catch block
            e.printStackTrace();
        }
        if (con != null) {
            System.out.println("MySQL数据库连接成功…");
            System.out.println(con);
        }
    }
}
```

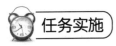　**知识拓展**

在使用JDBC连接数据库时如果报"ClassNotFoundException"异常,需要检查是否在项目中导入了对应数据库的驱动JAR包或者检查驱动程序字符串是否写错。如果报"SQLException"异常,则需要根据异常日志的内容来分析连接失败的原因,如用户名或密码错误、IP地址或服务端口号错误、数据库URL格式错误、数据库服务未开启等。程序运行结果如图25.4所示。

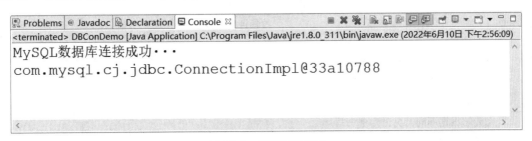

图25.4　例程运行结果

任务实施

任务情境

在一个JDBC的驱动程序被用来建立数据库连接之前,必须向数据库驱动程序管理器注册该驱动程序(即通过驱动程序字符串告诉系统使用哪个驱动程序),驱动程序字符串由不同的数据库厂商定义,请总结记录MySQL、SQLServer、Oracle等常见数据库的驱动程序字符串及数据库URL字符串,下载对应的驱动程序以备后面的使用。

引导问题1　即使同一厂商的数据库,不同版本的数据库驱动也是不同的,大家在总结时注意同一类型数据库不同版本驱动程序字符串的区别。

_____

_____

引导问题2　通过JDBC连接数据库时,各种数据库的URL格式也不相同,为方便使用,请总结记录MySQL、SQLServer、Oracle等数据库URL字符串,在使用时根据实际需要进行相应的更改。

_____

_____

评价与考核

课程名称:Java程序设计		授课地点:		
任务25:使用JDBC连接数据库		授课教师:		授课时数:
课程性质:理实一体		综合评分:		
知识掌握情况得分(35分)				
序号	知识点	教师评价	分值	得分
1	JDBC的工作原理及框架结构		10	
2	JDBC框架中常用的类与接口		10	
3	JDBC连接数据库的流程		15	
工作任务完成情况得分(65分)				
序号	能力操作考核点	教师评价	分值	得分
1	能够正确地总结出不同数据库、不同版本的驱动程序字符串		20	
2	能够顺利地下载不同数据库、不同版本的驱动程序JAR包		20	
3	能够根据不同情况正确地书写各种类型数据库的URL		25	
违纪扣分(20分)				
序号	违纪描述	教师评价	分值	扣分
1	迟到、早退		3	
2	旷课		5	
3	课上吃东西		3	
4	课上睡觉		3	
5	课上玩手机		3	
6	其他违纪行为		3	

 任务小结

在基础软件中,数据库和操作系统一样都属于应用最广泛的技术。简而言之,数据库就是用于集中存储数据的软件,通过它对数据进行查询、计算、统计等操作。而国计民生的方方面面,包括飞船上天、高铁运行、通信传输、能源保障……只要与数据相关的行业与行为无时无刻都离不开数据库的强大支撑。由此可见数据库是一个核心的基础科技产品,如果被国外技术卡住脖子,可以想象将会何等被动。

2019 年 10 月 2 日,中国蚂蚁金服自主研发的金融级分布式关系数据库 OceanBase,在 TPC-C(即国际事务性能委员会)基准测试中,打破了由美国 Oracle 公司保持了 9 年的世界纪录,成为首个登顶该榜单的中国数据库产品。相较传统集中式数据库,分布式数据库不仅能够实现弹性扩容,而且对计算机系统的性能要求大幅降低,部署成本更低且易于运维。

操作系统、芯片、数据库是 IT 技术的三大重要组成部分,也是中国创新企业发展的三大拦路虎。曾经它们被国外厂商占据,中国企业只能在此基础上进行优化调整。如今操作系统和芯片国产化已经在路上,中国的数据库厂商已经可以和世界顶级数据库厂商"同台竞技",数据库国产化正在崛起!

 任务测试

选择题

1. 下列不属于JDBC编程必需的基本步骤的是(　　　)。

　　A. 加载、注册驱动程序　　　　　B. 建立数据库连接

　　C. 执行SQL语句　　　　　　　　D. 处理返回结果集

2. 以下哪个选项是JDBC编程中需要捕获并处理的异常?(　　　)

　　A. ArrayIndexOutOfBoundsException

　　B. NullPointerException

　　C. ArithmeticException

　　D. ClassNotFoundException

3. 下列哪个选项不是JDBC API中的类或接口?(　　　)

　　A. DriverManager 类

　　B. Connection 接口

　　C. KeyListener 接口

　　D. Statement 接口

简答题

1. 简述JDBC框架结构的组成。

2. 简述使用ResultSet接口处理返回结果集的原理和常用方法。

程序设计题

编写程序连接测试安装在本机的SQLServer数据库。

任务26　操作数据库中的数据

本章实验

当JDBC连接数据库成功后,我们就可以向数据库端发送并执行封装了SQL语句的操作对象了。本次任务将会学习使用JDBC技术来操作数据库中的数据,包括数据的增、删、改、查等具体内容。

学习目标

(1) 熟练掌握Statement和PreparedStatement接口的使用方法;
(2) 熟练掌握使用JDBC技术查询数据的方法;
(3) 熟练掌握使用JDBC技术对数据进行增、删、改等更新数据的方法。

知识准备

26.1　相关准备工作

26.1.1　设计数据库表

在MySQL的testdb数据库中执行下面的SQL语句完成数据表student的创建和初始数据的添加。

```
CREATE TABLE 'student' (
  'sno' varchar(10) CHARACTER SET utf8 COLLATE utf8_general_ci NOT NULL,
    'sname' varchar(20) CHARACTER SET utf8 COLLATE utf8_general_ci DEFAULT NULL,
    'sex' varchar(4) CHARACTER SET utf8 COLLATE utf8_general_ci DEFAULT NULL,
    'sbirthday' varchar(15) CHARACTER SET utf8 COLLATE utf8_general_ci DEFAULT NULL,
    'sclass' varchar(20) CHARACTER SET utf8 COLLATE utf8_general_ci DEFAULT NULL,
    PRIMARY KEY ('sno')
) ENGINE=InnoDB DEFAULT CHARSET=utf8mb4 COLLATE=utf8mb4_0900_ai_ci;
insert into student values('21010101','张三','男','2001-1-16','21级物联网应用技术1班');
insert into student values('21010102','刘楠','女','2002-11-11','21级物联网应用技术1班');
insert into student values('21010201','李四','男','2001-10-19','21级计算机应用技术1班');
insert into student values('21010301','王五','男','2003-6-7','21级计算机网络技术1班');
```

创建好的 student 表包含学号 sno、姓名 sname、性别 sex、出生日期 sbirthday、班级 sclass 共 5 个字段,每个字段的数据类型及相关属性配置如图 26.1 所示。

图 26.1　student 表结构和初始数据

26.1.2　定义实体类

关系数据库中的表对应了面向对象中的类,表中的每一条记录对应着类的一个对象。实体类是联系数据库和 Java 程序的纽带,通过实体类的对象来接收数据库查询得到的结果,更新数据库中的数据。下面的代码创建一个 Student 类,类名和数据表名相同,包含 5 个成员属性,分别对应表中的 5 个字段,用该类作为一个实体类。

```java
public class Student {
    private String sno;
    private String sname;
    private String sex;
    private String sbirthday;
    private String sclass;
    public String getSno() {
```

```java
        return sno;
    }
    public void setSno(String sno) {
        this.sno = sno;
    }
    public String getSname() {
        return sname;
    }
    public void setSname(String sname) {
        this.sname = sname;
    }
    public String getSex() {
        return sex;
    }
    public void setSex(String sex) {
        this.sex = sex;
    }
    public String getSbirthday() {
        return sbirthday;
    }
    public void setSbirthday(String sbirthday) {
        this.sbirthday = sbirthday;
    }
    public String getSclass() {
        return sclass;
    }
    public void setSclass(String sclass) {
        this.sclass = sclass;
    }
}
```

26.2　定义数据库连接类

在进行数据库操作之前需要建立数据库的连接,并通过该连接返回一个封装SQL语句的数据库操作对象。本次任务中定义一个类SQLHelper用于获取数据库连接并返回一个PreparedStatement对象,代码如下:

```java
public class SQLHelper {
    // 创建一个连接对象
    static Connection con = null;
    static PreparedStatement pstmt = null;
    public static PreparedStatement conToDB(String sql) {
        // 定义驱动程序字符串
        String driverStr = "com.mysql.jdbc.Driver";
        // 定义数据库的 URL
        String DBUrl = "jdbc: mysql://127.0.0.1: 3306/testdb? characterEncoding=utf-8&serverTimezone=UTC&useSSL=false";
        // 创建数据库的用户名
        String userName = "root"; // 用户名
        // 创建数据库的密码
        String userPass = "123456"; // 密码
        try {
            con = DriverManager.getConnection(DBUrl, userName, userPass);
            pstmt = (PreparedStatement) con.prepareStatement(sql);
        } catch (SQLException e) {
            // TODO Auto-generated catch block
            e.printStackTrace();
        }
        return pstmt;
    }
    public static void closeCon() {
        try {
            if (con != null && !con.isClosed())
                con.close();
        } catch (SQLException e) {
            // TODO Auto-generated catch block
            e.printStackTrace();
        }
    }
}
```

知识拓展

Statement 存在 SQL 注入，PreparedStatement 解决了 SQL 注入问题。Statement 中的 SQL 语句是编译一次执行一次，而 PreparedStatement 会在编译阶段做类型的安全检查，且编译一次后可反复执行多次,从而减少了网络通信量。因此PreparedStatement效率更高,使用情况较多。只有在业务上要求必须支持SQL注入,需要进行SQL语句拼接(例如在order by 后面加上asc或desc指定排序方式)时才使用Statement。

26.3　查询表中的数据

PreparedStatement中执行查询的方法为executeQuery(),该方法可以将PreparedStatement对象中封装的查询语句预编译后发送到数据库端反复执行。然后通过ResultSet对象中的迭代器逐条取出结果集中的记录,使用getXXX(列名|列的序号)方法从每条记录中取出各列的值。

【例程1】　查询student表中学号为"21010101"同学的记录。

```java
public class StudentDao {
    public static Student queryStu(String sno) {
        PreparedStatement pstmt = null;
        ResultSet rs = null;
        Student student = null;
        try {
            // 创建带占位符?的SQL语句
            String sqlStr = "select * from student where sno=?";
            // 建立连接获得PreparedStatement对象
            pstmt = SQLHelper.conToDB(sqlStr);
            // 向占位符传值
            pstmt.setString(1, sno);
            // 执行SQL语句
            rs = pstmt.executeQuery();
            // 处理返回结果集
            while (rs.next()) {
                student = new Student();
                student.setSno(rs.getString(1));
                student.setSname(rs.getString(2));
                student.setSex(rs.getString(3));
                student.setSbirthday(rs.getString(4));
                student.setSclass(rs.getString(5));
            }
            // 关闭连接释放资源
            rs.close();
            pstmt.close();
```

```
                SQLHelper.closeCon();
            } catch (SQLException e) {
                e.printStackTrace();
            }
            return student;
        }
        public static void main(String[] args) {
            Student stu = queryStu("21010101");
            System.out.println(stu.getSno() + '\t' + stu.getSname() + '\t' + stu.getSex() + '\t'
+ stu.getSbirthday() + '\t'
                    + stu.getSclass());
        }
    }
```

程序运行结果如图 26.2 所示。

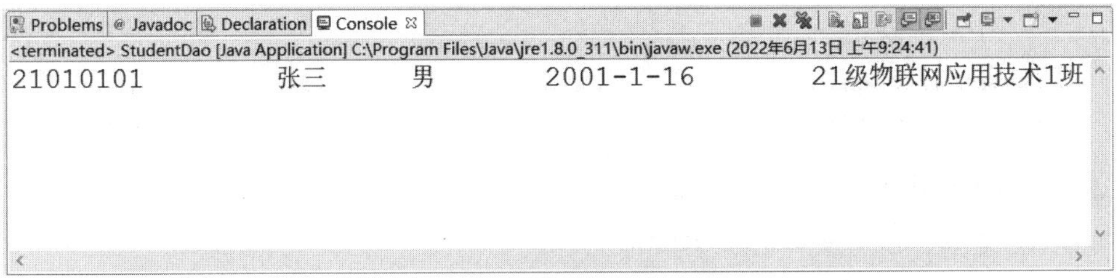

图 26.2　例程 1 运行结果

26.4　更新表中的数据

　　JDBC 中认为所有使数据库中数据发生变化的操作都属于数据的更新,因此增加记录、修改记录、删除记录等操作在 JDBC 中统一使用 executeUpdate()方法。

26.4.1　增加记录

　　【例程 2】　向 student 表中插入一条记录。

```
public class StudentDao {
    public static int insertStu(Student stu) {
        PreparedStatement pstmt = null;
        int num = 0;
        try {
            // 创建带占位符?的 SQL 语句
            String sqlStr="insert into student values(?,?,?,?,?)";
            // 建立连接获得 PreparedStatement 对象
```

```
        pstmt = SQLHelper.conToDB(sqlStr);
        // 准备要执行的SQL语句中的值,用实际值替代?
        pstmt.setString(1, stu.getSno());
        pstmt.setString(2, stu.getSname());
        pstmt.setString(3, stu.getSex());
        pstmt.setString(4, stu.getSbirthday());
        pstmt.setString(5, stu.getSclass());
        //使用executeUpdate()方法执行插入操作
        num = pstmt.executeUpdate();
        // 关闭连接释放资源
        pstmt.close();
        SQLHelper.closeCon();
    } catch (SQLException e) {
        e.printStackTrace();
    }
    return num;
}
public static void main(String[] args) {
    Student stu = new Student();
    stu.setSno("202020203");
    stu.setSname("刘婷婷");
    stu.setSex("女");
    stu.setSbirthday("2002-9-9");
    stu.setSclass("20级计算机网络技术2班");
    System.out.println("成功插入了"+ insertStu(stu)+ "行数据");
}
}
```

程序运行结果如图26.3所示。

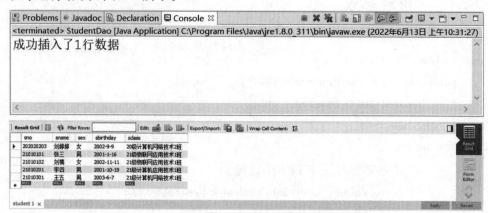

图26.3 例程2运行结果

26.4.2　修改记录

【例程3】　修改 student 表中学号为"21010201"的记录,将该同学的出生日期更新为
"2002-10-19"。

```java
public class StudentDao {
    public static int updateStu(Student stu) {
        PreparedStatement pstmt = null;
        int num = 0;
        try {
            // 创建带占位符?的SQL语句
            String sqlStr = "update  Student  set  sbirthday=? where sno=?";
            // 建立连接获得PreparedStatement对象
            pstmt = SQLHelper.conToDB(sqlStr);
            // 准备要执行的SQL语句中的值,用实际值替代?
            pstmt.setString(1, "2002-10-19");
            pstmt.setString(2, stu.getSno());
            // 使用executeUpdate()方法执行修改操作
            num = pstmt.executeUpdate();
            // 关闭连接释放资源
            pstmt.close();
            SQLHelper.closeCon();
        } catch (SQLException e) {
            e.printStackTrace();
        }
        return num;
    }
    public static void main(String[] args) {
        Student stu = new Student();
        stu.setSno("21010201");
        System.out.println("成功修改了" +updateStu(stu)+ "行数据");
    }
}
```

程序运行结果如图26.4所示。

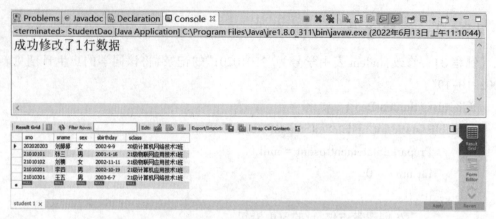

图26.4　例程3运行结果

26.4.3　删除记录

【例程4】　删除student表中学号为"21010301"的王五同学的记录。

```java
public class StudentDao {
    public static int deleteStu(Student stu) {
        PreparedStatement pstmt = null;
        int num = 0;
        try {
            // 创建带占位符?的SQL语句
            String sqlStr = "delete from  Student where sno=?";
            // 建立连接获得PreparedStatement对象
            pstmt = SQLHelper.conToDB(sqlStr);
            // 准备要执行的SQL语句中的值,用实际值替代?
            pstmt.setString(1, stu.getSno());
            // 使用executeUpdate()方法执行删除操作
            num = pstmt.executeUpdate();
            // 关闭连接释放资源
            pstmt.close();
        } catch (SQLException e) {
            e.printStackTrace();
        }
        return num;
    }
    public static void main(String[] args) {
        Student stu = new Student();
        stu.setSno("21010301");
        System.out.println("删除了" + deleteStu(stu) + "行数据");
```

```
    }
}
```

程序运行结果如图26.5所示。

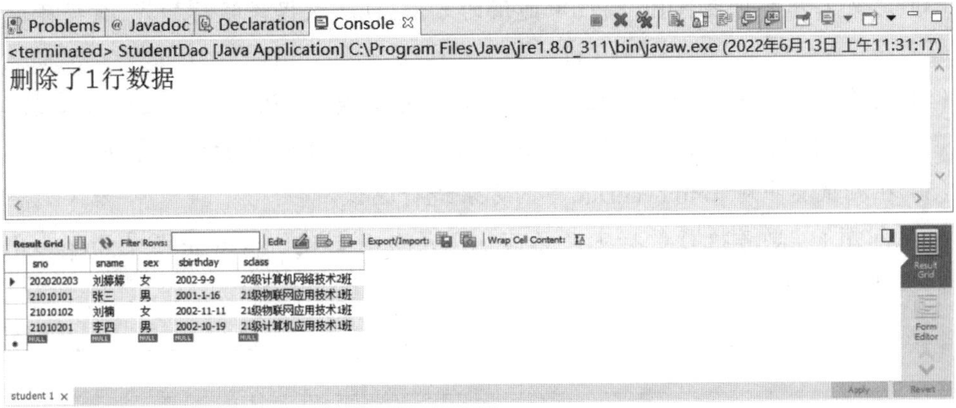

图26.5 例程4运行结果

26.5　关闭连接释放资源

关闭连接释放资源可以说是在整个JDBC操作数据库中最重要的一步,无论前面的步骤是否有异常出现,都不应该影响将连接断开。数据库的连接是十分宝贵的资源,数据库不会自动关闭已经建立但长时间不使用的连接,因此如果我们不及时释放连接资源,数据库能够支持的连接数会越来越少,在高并发访问的场景下就可能导致系统宕机。

因此在程序中与数据库进行交互的Connection、Statement、PreparedStatement、ResultSet对象在使用结束后都要及时释放。这些对象的创建顺序通常是Connection-> PreparedStatement(Statement)->ResultSet,而释放资源的顺序通常为ResultSet ->PreparedStatement(Statement)->Connection。

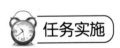

任务实施

任务情境

在MySQL数据库中创建一个数据表employee,表结构定义如表26.1所示。

表26.1　employee表结构

字段名	类型	长度	备注
id	int	默认	主键、非空、自动增长
name	nvarchar	20	非空
age	int	默认	
sex	char	2	

（1）按照employee表结构的定义封装SQL语句发送至数据库端执行，完成数据表的创建并添加5条初始数据。

（2）创建employee数据表对应的实体类Employee，类中包含id、name、age和sex四个属性。

（3）定义工具类封装JDBC编程中通用的方法，包括数据库驱动加载、数据库连接和资源释放。

（4）创建操作employee表中数据的EmployeeDao类，在该类中定义增加记录、按指定id删除记录、按指定id修改姓名和年龄、查询"张"姓雇员记录的操作方法。

（5）在测试类中对EmployeeDao中的方法进行测试。

引导问题1　思考执行数据定义语言SQL语句时创建Statement还是PreparedStatement对象比较合适。

_____

_____

引导问题2　建表对应的SQL语句在Java程序中执行时应该选择JDBC中的哪个方法？

_____

_____

_____

引导问题3　思考如何实现模糊查询。

_____

_____

_____

任务情境调试记录可以记录在表26.2中。

表26.2　任务情境调试记录

序号	错误或异常描述	解决方案	备注
1			
2			
3			
4			
5			

评价与考核

课程名称：Java程序设计	授课地点：	
任务26：操作数据库中的数据	授课教师：	授课时数：
课程性质：理实一体	综合评分：	
知识掌握情况得分（35分）		
序号	知识点	教师评价	分值	得分

续表

1	Statement 和 PreparedStatement 接口的使用		10	
2	使用 JDBC 技术查询数据的方法,ResultSet接口的使用		15	
3	使用 JDBC 技术对数据进行增、删、改等更新数据的方法		10	
工作任务完成情况得分(65分)				
序号	能力操作考核点	教师评价	分值	得分
1	能够正确使用 statement 或 PreparedStatement 接口中的方法完成表的创建和初始数据的添加		15	
2	实体类定义正确		10	
3	工具类定义合理有效		20	
4	正确实现增、删、改、查的方法		20	
违纪扣分(20分)				
序号	违纪描述	教师评价	分值	扣分
1	迟到、早退		3	
2	旷课		5	
3	课上吃东西		3	
4	课上睡觉		3	
5	课上玩手机		3	
6	其他违纪行为		3	

 任务小结

2021年3月某著名IT企业的"95后"校招员工金某某在任职期间,私自建立隧道进入数据库"删表"。最终他因犯破坏计算机信息系统罪,被判处有期徒刑九个月。而究其动机,居然是出于对工作内容变动及领导的不满,为了显示自己在项目中的重要性,遂对数据库进行破坏。

这则案例告诉我们,信息是以数据为中心的,数据是企业的核心命脉,是我们的职业所系,任何时候都不能放弃职业道德操守,更不能以伤害企业命脉来发泄一时之愤。作为数据库的守护者DBA,或其他的运维人员,一定要遵循职业道德,不断加强自我修养,做数据的保护者,而不是窥探者、窃取者和破坏者。理智和情感分离,以成熟成职业,不以情绪行偏颇。

 任务测试

选择题

1. 下列描述正确的是(　　　)。

A. ResultSet 用来返回记录数

B. ResultSet 用来返回执行更新数据库时的数据

C. ResultSetMetaData 用来获取表中的字段信息

D. ResultSetMetaData 用来获取结果集

2. 关于数据库操作,正确的说法是(　　)。

　　A. executeUpdate()方法可以执行SQL查询语句

　　B. executeQuery()方法可以执行所有SQL语句

　　C. execute()方法可以执行增加记录的SQL语句

　　D. executeQuery()方法返回操作的记录数

3. 查询结果集对应的接口是(　　)。

　　A. ResultSet　　　　　　　　　B. List

　　C. Collection　　　　　　　　　D. Set

4. 执行数据库中增、删、改操作使用的方法是(　　)。

　　A. operateSQL()　　　　　　　B. executeUpdate()

　　C. executeQuery()　　　　　　 D. execute()

5. 在关闭释放各种JDBC操作对象时一般最后释放(　　)。

　　A. Connection　　　　　　　　 B. ResultSet

　　C. Statement　　　　　　　　　D. PreparedStatement

简答题

1. 简述 Statement 和 PreparedStatement 的区别及联系。

_____

_____

_____

_____

2. 简述为什么 JDBC 编程结束后必须要关闭所有连接。

_____

_____

_____

_____

程序设计题

在 MySQL 数据库中创建一个数据库 DegreeManagement,创建成绩表 score,包含字段学号(sno)、课程号(cno)、课程名(cname)、成绩(degree),编写程序实现以下功能:

(1) 将所有不及格的成绩加10分。

(2) 查询每门课程的平均成绩并按成绩降序排列。

(3) "张三"同学退学,从 score 表中删除所有该同学的成绩记录。

项目9 网络编程

本项目主要介绍Java网络编程模型以及在网络编程中用到的类,并用这些类进行面向连接和无连接网络程序的实现。

✧ 任务27 面向连接通信的实现

✧ 任务28 无连接通信的实现

任务27　面向连接通信的实现

本章实验

　　网络应用是Java语言取得成功的领域之一,利用Java语言强大的功能,使网络编程变得十分简单。计算机网络通信协议明确了通信的具体规则,基于协议,Java的网络通信有面向连接的通信方式和无连接的通信方式。本次任务将介绍面向连接通信的实现。

学习目标

　　(1) 理解网络编程的基本概念;
　　(2) 掌握Socket类和ServerSocket类;
　　(3) 理解基于套接字的通信过程;
　　(4) 掌握网络编程的步骤和方法。

知识准备

27.1　网络通信概念

　　网络上两台计算机要想实现相互通信,需要解决两个问题。首先是如何准确定位网络中的一台或多台主机,然后是如何确定主机中接收数据的运行程序。

27.1.1　TCP/IP 协议

　　根据互联网标准协议TCP/IP,每台主机都有唯一的地址,即IP地址标识自己在网络中的位置。不同计算机之间进行通信时,数据的传输是由传输层控制的,需要遵循一定的规则,TCP/IP网络中最常用的传输协议包括TCP和UDP协议。TCP协议是一种面向连接的保证可靠传输的协议,它可以为发送方和接收方建立可信连接,这条连接建立后,双方都可以发送和接收数据,达到双向通信。

27.1.2 端口

所谓的通信其实是指机器中的应用程序进行通信,那网络中的主机往往安装有很多应用程序,例如QQ、微博、邮件等程序。要保证一台主机发送的消息能被对方主机的应用程序正确接收,这就需要依靠网络中的端口号。每个应用都有唯一的端口号来标识,范围是0~65535,其中0~1023是系统保留的专门为特定服务用的,比如,通常TCP/IP协议规定Web采用80号端口,FTP采用21号端口等,而邮件服务器采用25号端口。其他程序的自定义的端口号建议用1023后面的。这样,当一台主机发送消息,另一台主机就可以通过端口号,找到相对应的程序,从而被正确接收。

27.1.3 Socket

将IP地址和端口号组合在一起,组成套接字Socket。Socket通常用来实现客户端与服务器端的双向通信连接,它是两个运行程序之间双向通信链路的终结点。不同主机上的相同程序通过Socket进行通信,先分别将两个应用程序绑定到连接两端的Socket,然后在这条连接上通过读写Socket进行通信。

27.2 Socket类

通常我们将网络通信看作服务器与客户端的通信, 所以Socket也分为客户端的Socket和服务器端的Socket。Java在Java.net中提供了两个类Socket和ServerSocket分别用来表示双向连接的客户端和服务器端。

(1) 建立客户端的Socket对象。客户端的程序使用Socket类建立与服务器端套接字的连接,Socket类的构造方法为:

Socket clientsocket = new Socket(String host,int port)

参数host表示服务器的IP地址;port是一个端口号。

(2) 建立服务器端的ServerSocket对象。服务器端的ServerSocket对象构造只需要服务器端程序的port,即

ServerSocket server_socket = new ServerSocket(int port)

这里的端口号一定要与客户端呼叫的端口号相同,才能进行通信。

(3) ServerSocket有一个重要的方法是accept()方法,用来接收客户端Socket的连接请求,并返回一个连接Socket。只有客户进行了请求连接,客户和服务器之间才能建立连接。

Socket sc = server_socket.accept();

服务器端会一直等待客户端的请求,当接收到客户端的套接字时,会将它放到Socket对象sc中,则服务器端的sc就可以和客户端的clientsocket进行通信了。

(4) Socket的输入流和输出流。

建立通信连接后,双方的套接字可以通过读写输入输出流进行数据的传输。如果服务

器需要向客户机发送数据,则服务器的sc可以通过getOutputStream()方法向连接中写入输出流,这样,客户机就可以通过clientsocket的getInputStream()方法读取服务器放在通信链路中的数据。

建立Socket和ServerSocket,以及调用accept()方法时都可能会发生IOException异常,可以使用try-catch进行捕获异常。

27.3 基于Socket的TCP通信模型

基于Socket的TCP通信过程是通过"打开—读写—关/闭"模式来实现的。如图27.1所示,第一步"打开",首先在服务器端建立一个ServerSocket,服务器Socket绑定相应的端口号,并且在指定的端口进行侦听,等待客户端的连接。当我们在客户端创建Socket,并且向服务器端发送请求,同时,服务器收到请求并且接受客户端的请求信息,一旦接受了请求,就会创建一个连接Socket用来与客户端的Socket进行通信。这样就建立了一条连接。

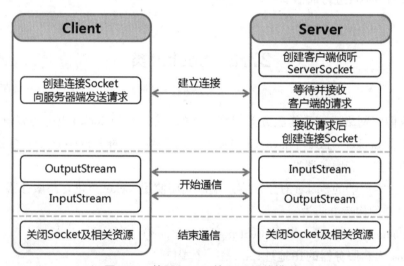

图27.1 基于Socket的TCP通信模型

然后就可以通过相关的输入流和输出流,即OutputStream和InputStream,按照协议对Socket进行读/写操作。那么在通信完成后,我们需要分别关闭两端的Socket,进行通信的断开。下面通过一个例子,编写一个双向通信的程序。

【例程1】 模拟客户机与服务器通信,完成客户机的登录。

通信的实现需要两个类,首先看服务端的程序,这里是在本地模拟客户机和服务器,ip地址可使用localhost或127.0.0.1。

```
public class TcpClient {
    public static void main(String args[]) {
        String str = null;
        Socket clientsocket;
```

```java
        DataInputStream in = null;
        DataOutputStream out = null;
        try {
            // 1. 创建Socket实例
            clientsocket = new Socket("127.0.0.1", 8888);
            System.out.println("正在连接到服务器localhost…");
            // 2. 建立Socket输出流,向服务器端发送信息
            out=new DataOutputStream(clientsocket.getOutputStream());
            out.writeUTF("你好,我是客户机");
            // 3. 建立Socket输入流,读取客户端放入"线路"的信息
            in = new DataInputStream(clientsocket.getInputStream());
            while (true) {
                str = in.readUTF();
                System.out.println("服务器端说:" + str);
                if (str != null)
                    break;
            }
            // 4. 关闭资源
            out.close();
            in.close();
            clientsocket.close();
        } catch (IOException e) {
            System.out.println("无法连接");
            System.out.println(e.getMessage());
        }
    }
}
```

服务器端程序:

```java
public class TcpServer {
    public static void main(String args[]) {
        String str = null;
        ServerSocket server_Socket = null;
        Socket c_socket;
        DataInputStream in = null;
        DataOutputStream out = null;
        // 1. 创建ServerSocket实例
        try {
```

```
        server_Socket = new ServerSocket(8888);
        System.out.print("服务器运行,等待客户端连接…"+"\n");
    } catch (IOException e) {
        System.out.println("无法创建");
        System.out.println(e.getMessage());
    }
    try {
        // 2. 监听客户端请求,并建立Socket连接
        c_socket = server_Socket.accept();
        // 3. 建立Socket输入流,读取客户放入"通信线路"里的信息
        in = new DataInputStream(c_socket.getInputStream());
        while (true) {
            str = in.readUTF();
            System.out.println("客户端说:" + str);
            if (str != null)
                break;
        }
        // 4. 建立Socket输出流,向"通信线路"写信息
        out = new DataOutputStream(c_socket.getOutputStream());
        out.writeUTF("你好,我是服务器,欢迎客户端的访问…");
        // 5. 关闭资源
        out.close();
        in.close();
        c_socket.close();
    } catch (IOException e) {
        System.out.println("出现错误");
        System.out.println(e.getMessage());
    }
    }
}
```

先启动服务器,服务器等待客户机的连接,如图27.2所示。

图27.2 等待客户机连接

再启动客户端,如图27.3所示。

图27.3 客户端

这时服务器的显示结果如图27.4所示。

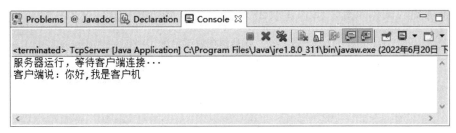

图27.4 服务器的显示结果

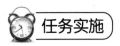

任务情境

通常情况下,多个客户端会同时与服务器端进行通信,如果要实现服务器同时与多个客户机通信,应将服务器设计成多线程应用程序。

引导问题1 如何定义服务器与客户机通信的线程类?

_____

_____

引导问题2 服务器怎么识别不同客户机?

_____

_____

引导问题3 试一试是否能够在不同IP地址的多个计算机上运行客户机程序实现一对多通信?

_____

_____

编写程序,调试运行后的结果如图27.5所示。

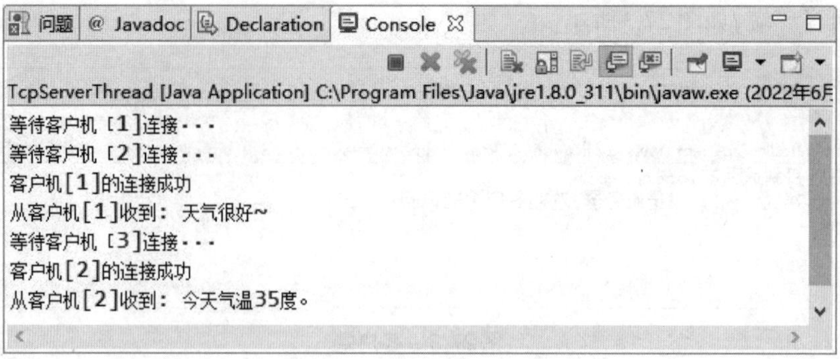

图27.5　任务情境运行结果

任务情境调试记录可以记录在表27.1中。

表27.1　任务情境调试记录

序号	错误或异常描述	解决方案	备注
1			
2			
3			
4			
5			

评价与考核

课程名称:Java程序设计	授课地点:	
任务27:面向连接通信的实现	授课教师:	授课时数:
课程性质:理实一体	综合评分:	

知识掌握情况得分(35分)				
序号	知识点	教师评价	分值	得分
1	网络通信概念		5	
2	Socket类		10	
3	基于TCP的网络通信模型		10	
4	面向连接的通信编程		10	
工作任务完成情况得分(65分)				
序号	能力操作考核点	教师评价	分值	得分
1	理解网络编程的基本概念		10	
2	掌握Socket类和ServerSocket类的使用		20	

续表

3	理解基于套接字的通信过程		15	
4	掌握网络编程的步骤和方法		20	
违纪扣分(20分)				
序号	违纪描述	教师评价	分值	扣分
1	迟到、早退		3	
2	旷课		5	
3	课上吃东西		3	
4	课上睡觉		3	
5	课上玩手机		3	
6	其他违纪行为		3	

 任务小结

　　网络编程中最主要的两个问题是定位主机和数据传输,即创建Socket套接字来指定主机,使用输入输出流进行数据传输。本次任务学习了基于TCP协议的面向连接通信的编程实现,同学们在进行编程时要先保证通信双方的逻辑链路通畅,才能进行可靠的传输。这个就像通电话,双方要先拨通,建立一条通信线路。不管是做生活中的事,还是工作中的事,如果打算做好,就一定要提前做好准备。只有做好了准备,才有可能做得完备、完善、完美。

 任务测试

选择题

1. ServerSocket 类用于接受来自客户端请求的方法是(　　　)。

　　A. accept()　　　　　　　　　B. getOutputStream()

　　C. receive()　　　　　　　　　D. get()

2. 以下哪个类用于实现TCP通信的客户端程序?(　　　)

　　A. ServerSocket　　　　　　B. Socket

　　C. Client　　　　　　　　　　D. Server

3. 如果在关闭Socket时发生一个I/O错误,会抛出(　　　)。

　　A. IOException　　　　　　　B. UnknownHostException

　　C. SocketException　　　　　D. MalformedURLExceptin

4. 当使用客户端套接字Socket创建对象时,需要指定(　　)。

    A. 服务器主机名称和端口

    B. 服务器端口和文件

    C. 服务器名称和文件

    D. 服务器地址和文件

5. 使用流式套接字编程时,为了向对方发送数据,则需要使用(　　)方法。

    A. getInetAddress()　　　　　　　B. getLocalPort()

    C. getOutputStream()　　　　　　D. getInputStream()

简答题

1. 简述套接字Socket的概念。

2. Socket类和ServerSocket类各有什么作用?

3. Socket如何发送和接收通信线路上的信息?

程序设计题

1. 编写面向连接的服务器和客户端的通信,要求完成:

(1) 服务器可以读取本地文件内容并能将内容发给请求的客户端;

(2) 客户端可以发送请求到服务器,并能从服务器端获取文件内容。

2. 编写面向连接的服务器和客户端的通信,要求完成:

(1) 服务器上保存了几对用户名和密码,且能验证客户端发送过来的用户名和密码是否与保存的某对用户名和密码一致;

(2) 客户端能连接到服务器,并把用户在键盘上输入的用户名和密码发送到服务器上。

任务28　无连接通信的实现

本章实验

　　当对数据安全性和通信实时性的要求不高,且面向多个客户机的通信时,可以使用无连接的通信方式。无连接通信方式不需要建立Socket连接,而是使用数据报的形式包装对方主机地址和通信数据。本次任务介绍基于TCP通信协议的Java网络通信实现方法。

学习目标

　　(1) 了解InetAddress类;
　　(2) 掌握DatagramPacket类;
　　(3) 掌握DatagramSocket类;
　　(4) 能够创建基于UDP协议网络通信程序。

知识准备

28.1　UDP数据报协议

　　在TCP/IP协议的传输层中除了TCP协议之外,还有无连接通信协议UDP协议。UDP协议是无连接、不可靠的,传输的顺序也是不固定的。特点就是传输速度比较快。它不需要事先建立通信双方的通信线路,而是采用数据报形式,数据报中包括完整的源地址或目的地址,在网络上以任何可能的路径进行传输。因此是否到达目的地,到达时间以及信息是否完整到达都是不能保证的。

28.2 重要的类

28.2.1 InetAddress 类

Internet 上的主机有两种表示地址的方式：域名和 IP 地址。例如百度网站域名为 http://www.baidu.com，IP 地址为 http://14.215.177.39。在网络通信中，有时候需要通过域名来查找它对应的 IP 地址，有时候又需要通过 IP 地址来查找主机名。这时候可以利用 java.net 包中的 InetAddress 类来完成。

InetAddress 类用于封装 IP 地址和域名。InetAddress 类没有构造方法，可以使用 InetAddress 类提供的静态方法来获取 InetAddress 对象实例，然后再通过这些对象实例对 IP 地址或主机名进行处理。该类常用的一些方法如下：

（1）public static InetAddress getByName(String host)。通过给定的主机名创建 InetAddress 对象。

（2）public static InetAddress getLocalHost()。根据给定的 IP 地址创建一个 InetAddress 对象。

（3）public String getHostName()。获取 InetAddress 对象所含的域名。

（4）public String getHostAddress()。获取 InetAddress 对象所含的 IP 地址。

【例程 1】 创建 InetAddress 对象。

```java
public class getAddressIP {
    public static void main(String[] args) {
        try {
            InetAddress addr = InetAddress.getByName("www.fyvtc.edu.cn");
            //输出 InetAddress 对象的内容
            System.out.println(addr.toString());
            String hostname = addr.getHostName();
            //获取域名
            System.out.println("域名为 : "+hostname);
            String ip = addr.getHostAddress();
            //获取 IP
            System.out.println("IP 为 : "+ip);
        } catch (UnknownHostException e) {
            System.out.println("主机不存在或网络连接错误");
            e.printStackTrace();
        }
    }
}
```

运行结果如图28.1所示。

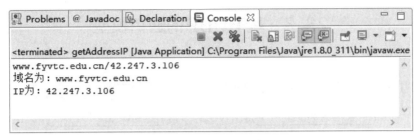

图28.1　例程1运行结果

28.2.2　DatagramPacket 类

DatagramPacket称之为数据报包,用来表示通信中的通信单元。它有两个构造函数,一个是创建待发送的数据报,一个是创建用来接收数据报的数据报包。

发送数据时构造DatagramPacket,包中包括长度为length的数据和指定目的主机、指定端口号。语法格式如下:

DatagramPacket(byte[]data, int length, InetAddress iaddr, int port);

参数data存放发送数据报中的数据,length指定数据报中的数据长度,address表示数据报将发送到的目的地,port表示数据报将发送到的目的端口号。

接收数据用到的DatagramPacket有两个参数,指定数据及其长度,用来接收长度为length的数据报。语法格式如下:

DatagramPacket(byte[]data, int length);

28.2.3　DatagramSocket 类

DatagramSocket用来进行端到端的通信,表示用来发送和接收数据报包的套接字。有如下构造方法:

(1)DatagramSocket()。不带参数构造数据报套接字并将其绑定到本地主机上任意端口。使用此构造方法创建的套接字对象负责发送数据报。

(2)DatagramSocket(int port)。构造数据报套接字并将其绑定到本地主机上的指定端口。使用此构造方法创建的套接字对象负责接收数据报,所以这里指定的端口要与待接收的数据报的端口相同。

(3)DatagramSocket(int port, InetAddress iadder)。构造数据报套接字,将其绑定到指定的地址。

DatagramSocket类还有两个重要的方法,一个是send()方法,可用于发送数据报。

DatagramSocket ds = new DatagramSocket();

ds.send(dp);

另一个是receive()方法,可用于接收数据报。

DatagramSocket ds_re = new DatagramSocket(8000);

ds_re.receive(dp_re);

28.3　基于UDP的通信模型

图28.2用来表示服务器与客户机之间基于UDP通信的过程。

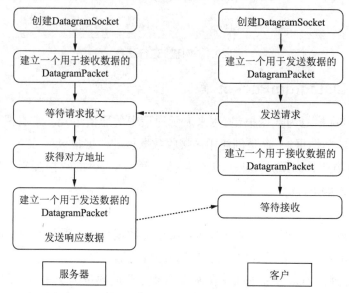

图28.2　基于UDP的通信模型

　　首先服务器端需要创建DatagramSocket,同时指定相应的端口号,第二步创建一个数据报,它用来接收客户端发送来的数据,然后进入等待过程。

　　同时,在客户端创建DatagramSocket,并将要发送的数据和服务器的地址、端口等信息定义到数据报中,通过Socket将信息发送给服务器。

　　这时,服务器接收到客户端的信息后,通过数据报获得客户端的地址,再建立一个用于发送数据的DatagramPacket,将响应的信息和客户端的地址端口信息一同定义到数据报中,由服务器的DatagramSocket发送给客户机。

　　【例程2】　基于UDP协议模拟用户登录服务器的编程实现。

首先来看服务器端如何接收用户的登录信息。

```java
public class UDPServer {
    public static void main(String[] args) throws IOException {
        // 1. 创建服务器端的socket,指定端口号
        DatagramSocket socket = new DatagramSocket(8888);
        // 2. 创建数据报(用来接收数据的数据单元)
        byte[] data_re = new byte[1024];
        DatagramPacket packet = new DatagramPacket(data_re, data_re.length);
        System.out.println("服务器在线,等待客户机登录…");
        // 3. 接收客户端发送的登录信息
```

```java
        socket.receive(packet);
        String info = new String(data_re, 0, packet.getLength());
        System.out.println("我是服务器,客户端告诉我:" + info);
        // 4. 获取客户端的地址
        InetAddress address = packet.getAddress();
        int port = packet.getPort();
        byte[] data_send = "欢迎您！".getBytes();
        // 5. 创建数据报(用于发送数据)
        DatagramPacket packet_send = new DatagramPacket(data_send, data_send.
length, address, port);
        // 6. 发送给客户端的响应信息
        socket.send(packet_send);
        // 7. 关闭通信资源
        socket.close();
    }
}
```

客户端向服务器端请求登录。

```java
public class UDPClient {
    public static void main(String[] args) throws Exception {
        // 1. 定义服务器地址、端口号、发送的数据等信息
        InetAddress address = InetAddress.getByName("localhost");
        int port = 8888;
        byte[] data_send = "用户名:admin;密码:123!".getBytes();
        // 2. 创建数据报(用来发送数据的数据报单元)
        DatagramPacket packet_send = new DatagramPacket(data_send, data_send.
length, address, port);
        // 3. 创建用于发送数据报的套接字(socket)
        DatagramSocket socket = new DatagramSocket();
        // 4. 使用套接字发送数据报给服务器
        socket.send(packet_send);
        // 5. 创建数据报(用来接收数据)
        byte[] data_re = new byte[1024];
        DatagramPacket packet_re = new DatagramPacket(data_re, data_re.length);
        // 6. 接收服务器端的响应信息
        socket.receive(packet_re);
        String reply=new String(data_re,0,packet_re.getLength());
        System.out.println("我是客户端,服务器说:" + reply);
```

```
// 7. 关闭通信资源
        socket.close();
    }
}
```

启动服务器,程序运行结果如图28.3所示。

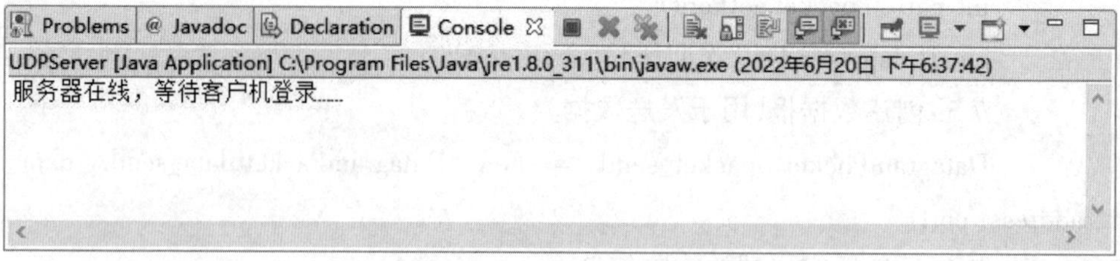

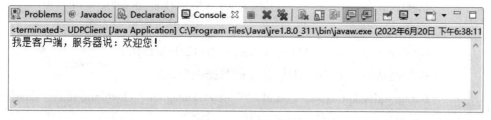

图28.3　等待客户机登录

启动客户机程序,客户机向服务器发送账号和密码信息,程序运行结果如图28.4所示。

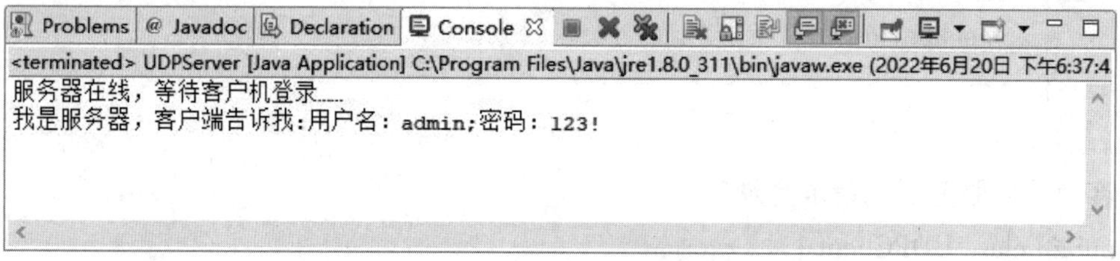

图28.4　客户机向服务器发送账号和密码信息

客户机得到服务器端的响应信息,程序运行结果如图28.5所示。

图28.5　客户端响应信息

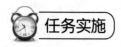
任务实施

任务情境

应用Java图形用户界面技术编写基于UDP数据报协议的聊天程序,Server端和Client端各包含一个TextField和TextArea。请完成消息互发,在TextField中按下Enter键后消息被发送到对方的TextArea中。

引导问题1　如何设计聊天界面?

引导问题2 如何创建数据报,将接收到的数据报信息打印在文本域中?

_____

_____

引导问题3 如何返回代表本地主机IP地址的InetAddress?

_____

_____

编写程序,调试运行后的结果如图28.6所示。

图28.6 聊天界面示意图

任务情境调试记录可以记录在表28.1中。

表28.1 任务情境调试记录

序号	错误或异常描述	解决方案	备注
1			
2			
3			
4			
5			

评价与考核

课程名称:Java程序设计	授课地点:	
任务28:无连接通信的实现	授课教师:	授课时数:
课程性质:理实一体	综合评分:	
知识掌握情况得分(35分)				

序号	知识点	教师评价	分值	得分
1	InetAddress类		5	
2	DatagramPacket类		7	
3	DatagramSocket类		8	

续表

4	基于UDP的通信过程		15	
工作任务完成情况得分(65分)				
序号	能力操作考核点	教师评价	分值	得分
1	掌握 InetAddress 对象的创建		10	
2	掌握 DatagramPacket 类的使用		15	
3	掌握 DatagramSocket 类的使用		15	
4	能够创建基于UDP协议网络通信程序		25	
违纪扣分(20分)				
序号	违纪描述	教师评价	分值	扣分
1	迟到、早退		3	
2	旷课		5	
3	课上吃东西		3	
4	课上睡觉		3	
5	课上玩手机		3	
6	其他违纪行为		3	

 任务小结

　　本次任务学习了基于UDP协议的无连接通信的编程实现。无连接的通信就像写明信片,我们在明信片上写上地址和内容,明信片会根据地址被送到对方,但是能不能送达是个未知数。同学们在进行编程时,发送的数据报一定要详细记录目的地址。在实际使用中,使用哪种通信连接方式,应根据对数据的可靠性要求、传输速度等进行选择。有时候,解决问题的办法会有利,也有弊,我们要有辩证的思维看待问题,全面分析,做出合理有利的解决方案。

 任务测试

选择题

1. Java 提供的(　　　)类来进行有关 Internet 地址的操作。

　　A. Socket

　　B. ServerSocket

　　C. DatagramSocket

　　D. InetAddress

2. 使用 UDP 协议通信时,需要使用(　　　)类把要发送的数据打包。

　　A. Socket　　　　　　　　　　　B. DatagramSocket

　　C. DatagramPacket　　　　　　　D. Server

3. 如果 DatagramSocket 构造函数不能正确地创建一个 DatagramSocket,会抛出(　　)异常。

    A. IOException

    B. UnknownHostException

    C. SocketException

    D. MalformedURLExceptin

4. 用(　　)类建立一个 socket,用于不可靠的数据报的传输。

    A. Applet   B. Datagramsocket

    C. InetAddress   D. AppletContext

5. InetAddress 类的 getLocalHost 方法返回一个(　　)对象,它包含了运行该程序的计算机的主机名。

    A. Applet   B. Datagramsocket

    C. InetAddress   D. AppletContext

6. 使用 UDP 套接字通信时,用于接收数据的方法是(　　)。

    A. read()   B. receive()   C. accept()   D. Listen()

简答题

1. 简述如何创建一个 InetAddress 对象。

2. 请写出基于 UDP 协议的 Java 通信编程步骤。

3. 请回答 DatagramSocket 类发送和接收数据的过程。

程序设计题

利用 UDP 实现一对多聊天,即在一台计算机上输入要说的话,可以在其他多台计算机上展示出来。

参 考 文 献

[1] Eckel B. Java编程思想[M]. 4版. 北京: 机械工业出版社,2007.

[2] 周华清. Java典型模块与项目实战大全[M]. 北京:清华大学出版社,2012.

[3] Kurniawan B. Java和Android开发学习指南[M]. 北京:人民邮电出版社,2016.

[4] 肖睿. Java高级特性编程及实战[M]. 北京:人民邮电出版社,2018.

[5] 孙修东. Java程序设计任务驱动式教程[M]. 北京:北京航空航天大学出版社,2020.

[6] 明日科技. Java从入门到精通[M]. 6版. 北京:清华大学出版社,2021.